彩图 1　海兰褐

彩图 2　海兰白

彩图 3　海赛克斯褐

彩图 4　海赛克斯白

彩图 5　罗曼褐

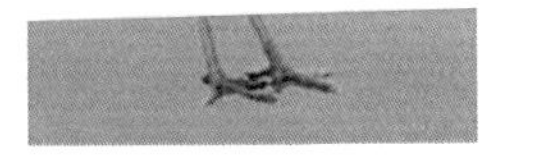

彩图 6　罗曼白

彩图 7　京红 1 号

彩图 8　京粉 1 号

彩图 9　农大 3 号节粮小型蛋鸡（商品代）

彩图 10　新杨褐壳蛋鸡

彩图 12　新杨绿壳蛋鸡

彩图 11　新杨白壳蛋鸡

彩图 13　大午粉 1 号

彩图 14　苏禽绿壳蛋鸡

仙居鸡（♂）

白耳黄鸡（♂）

仙居鸡（♀）

白耳黄鸡（♀）

彩图 15　仙居鸡

彩图 16　白耳黄鸡

彩图 17　济宁百日鸡

彩图 18　汶上芦花鸡

彩图 19　湖北红鸡

彩图 20　拉萨白鸡

彩图 21　鸡冠和肉垂发绀，边缘呈紫黑色

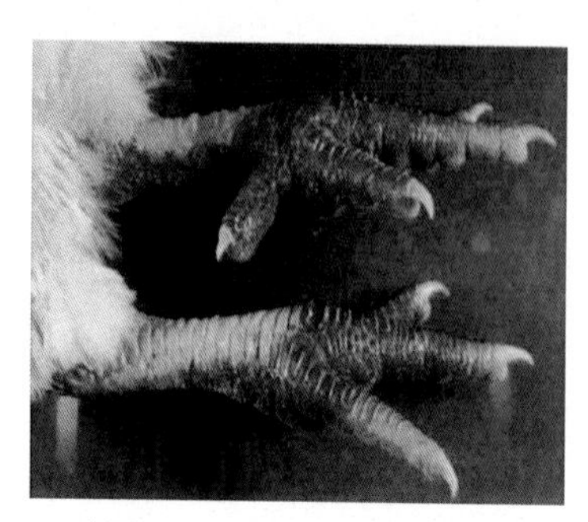

彩图 22　腿部鳞片出血严重

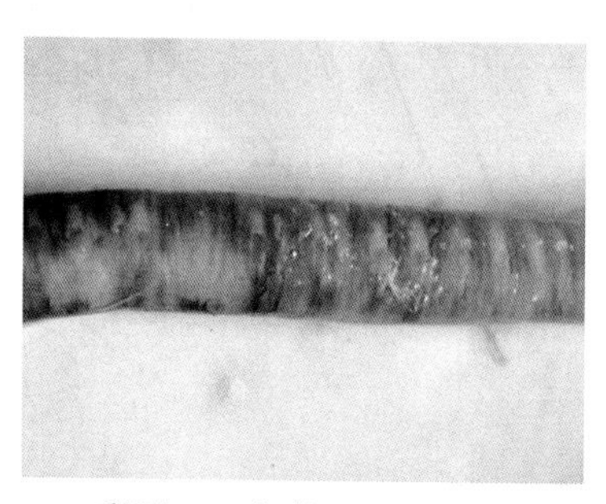

彩图 23　气管充血、出血

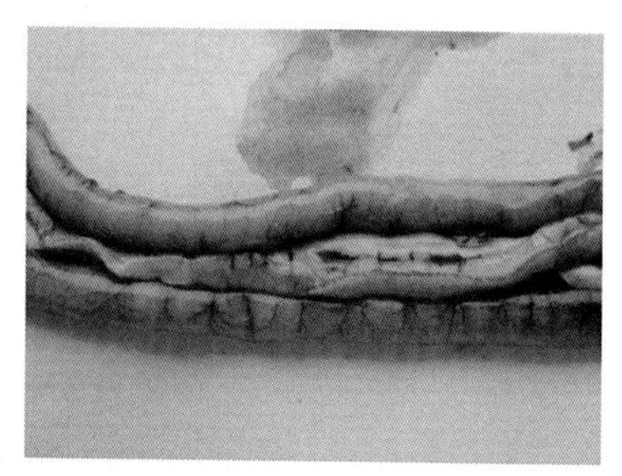

彩图 24　胰腺出血，肠道出血

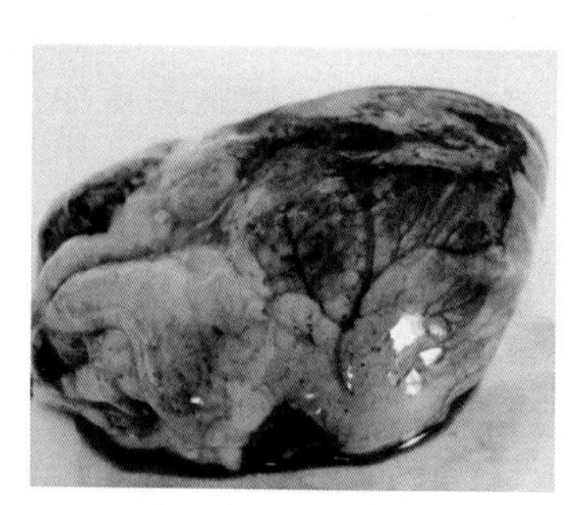

彩图 25　心冠脂肪出血

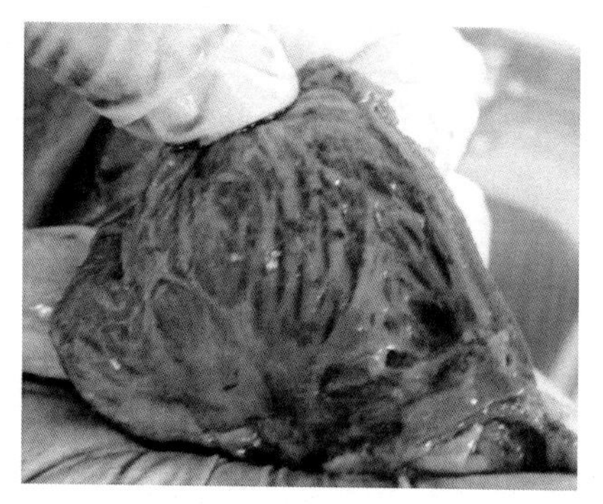

彩图 26　心肌出血点

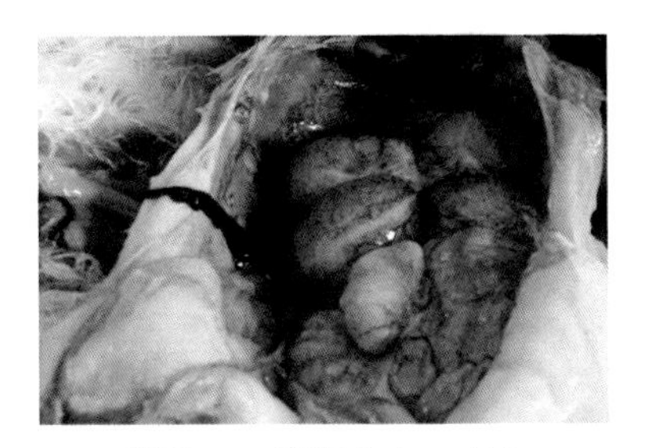

彩图 27　卵泡出血、充血

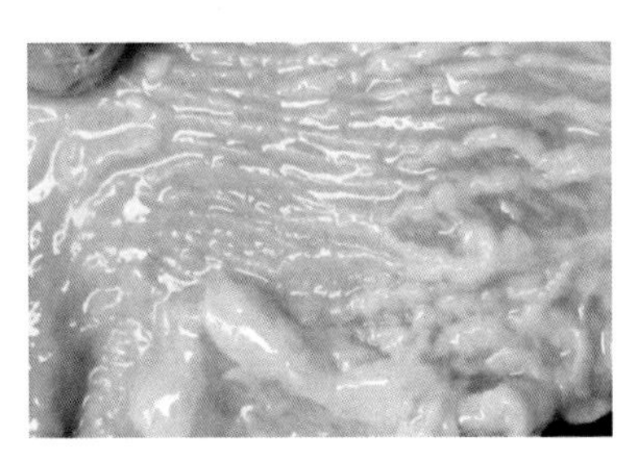

彩图 28　输卵管内有黏液

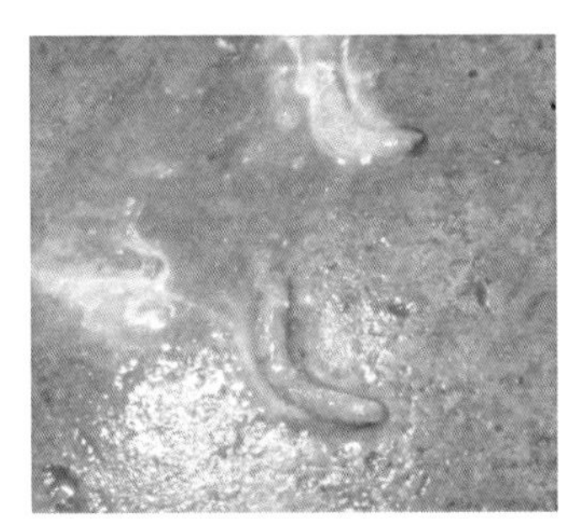

彩图 29　病鸡排绿色粪便

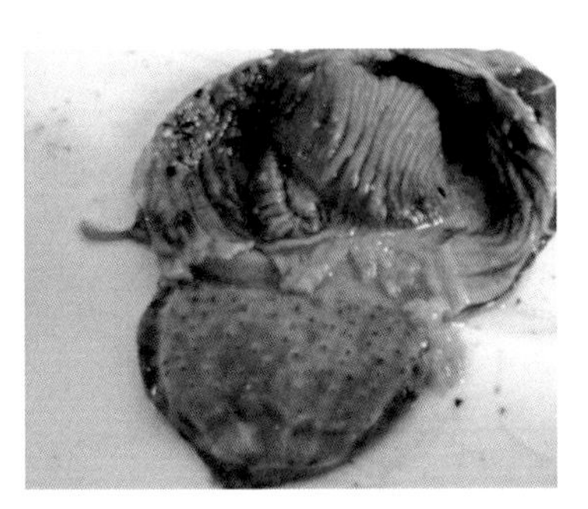

彩图 30　腺胃乳头出血

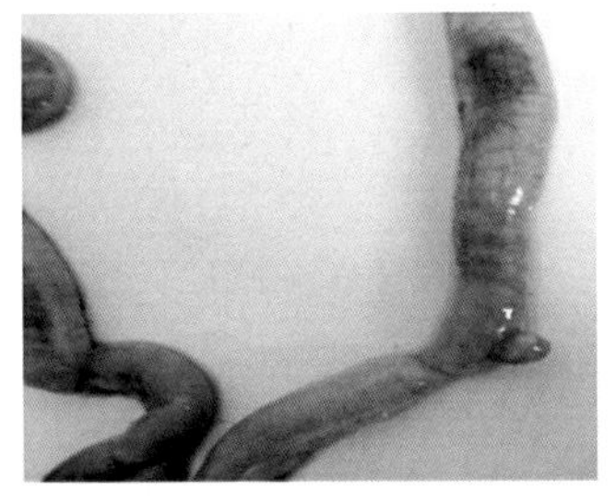

彩图 31　肠淋巴滤泡出血肿胀

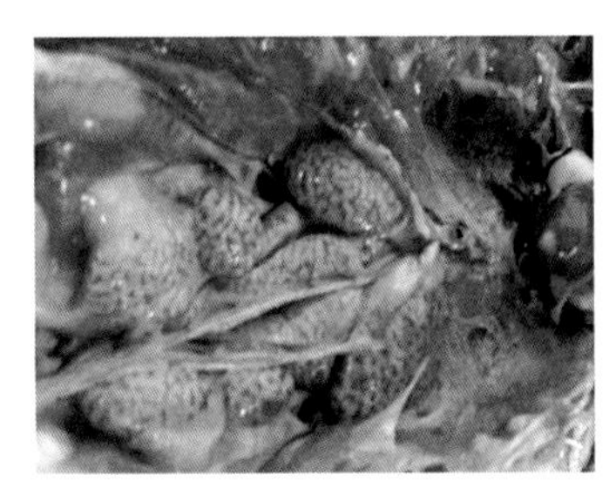

彩图 32　花斑肾

彩图 33　病鸡眼睛肿胀流泪

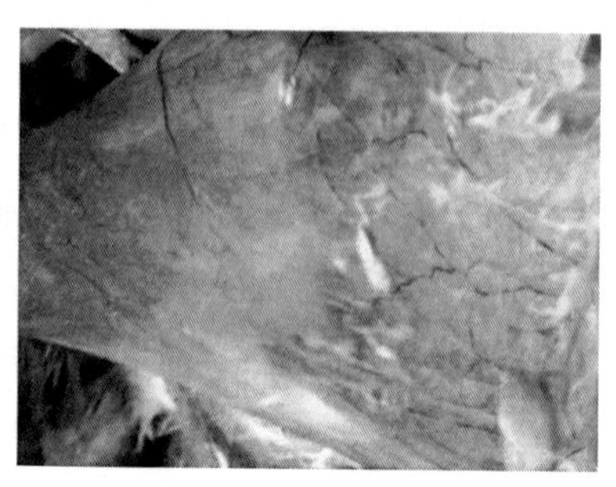

彩图 34　气囊增厚

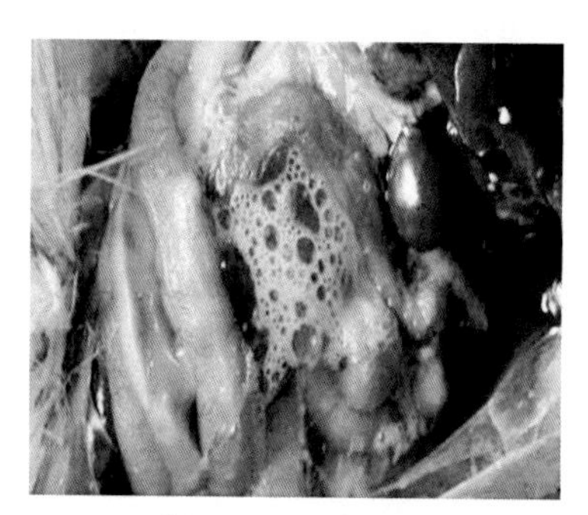

彩图 35　腹腔泡沫

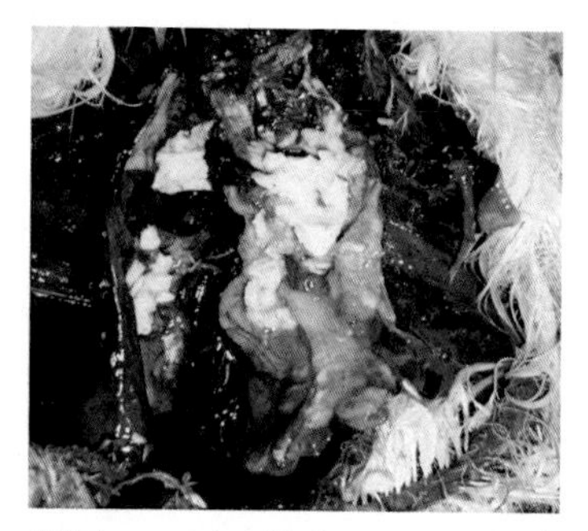

彩图 36　干酪样渗出物和肝周炎

彩图 37　病鸡鸡冠贫血

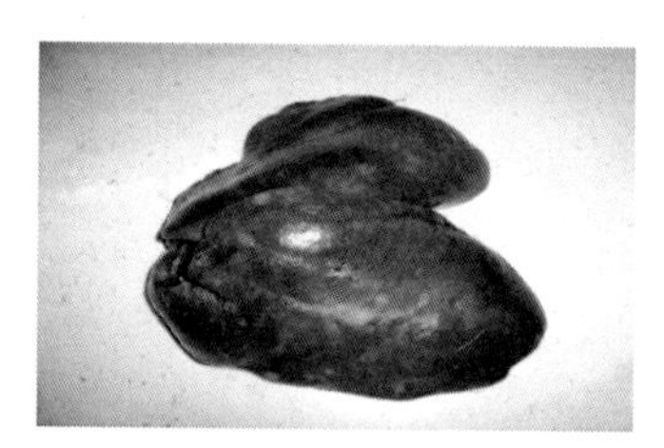

彩图 38　肝脏肿瘤

彩图 39　脾脏肿瘤

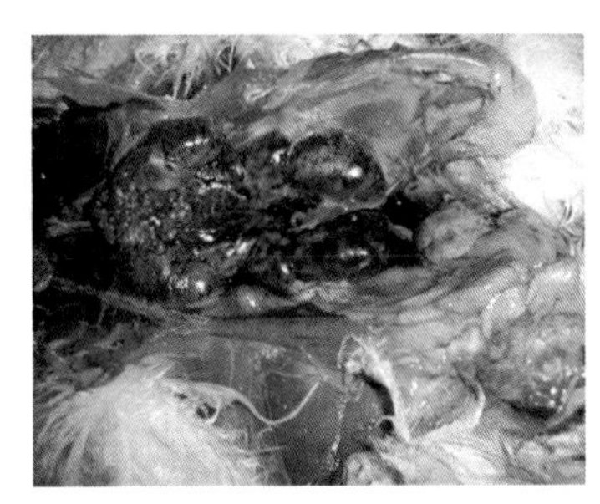

彩图 40　肾脏肿瘤

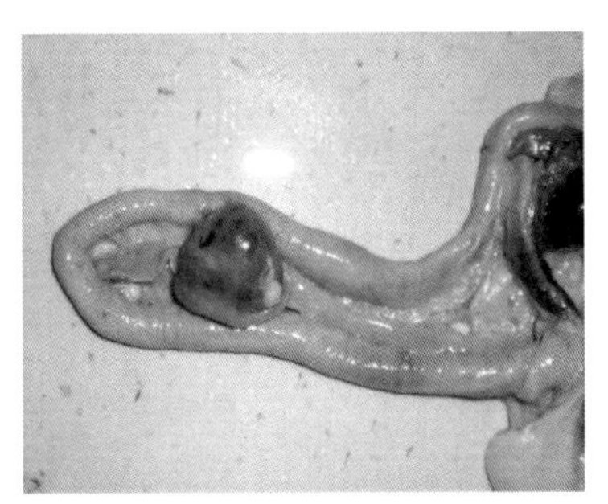

彩图 41　肠肿瘤

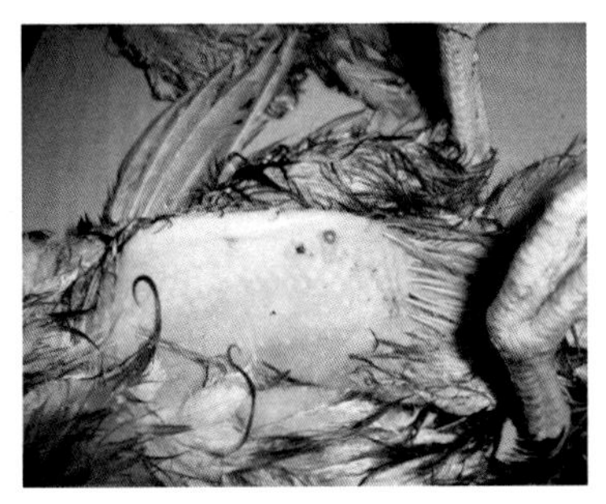

彩图 42　毛囊出血

彩图 43　胰腺肿瘤

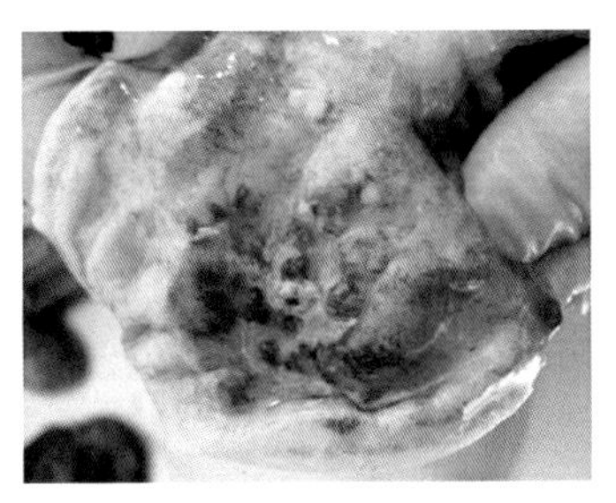

彩图 44　腺胃肿瘤

彩图 45　蛋壳颜色变浅变薄

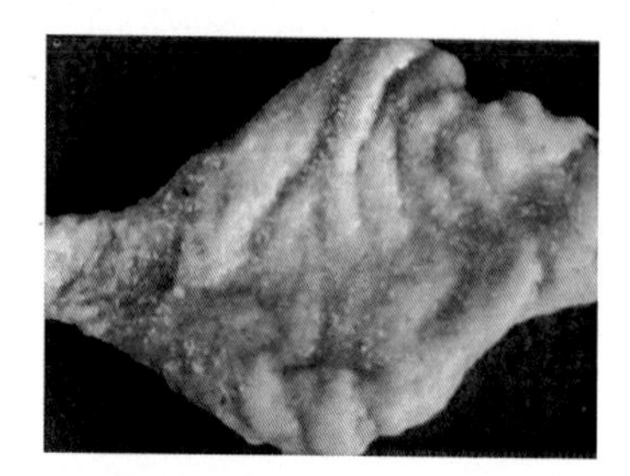

彩图 46　输卵管腺体水肿

彩图 47　精神、食欲差

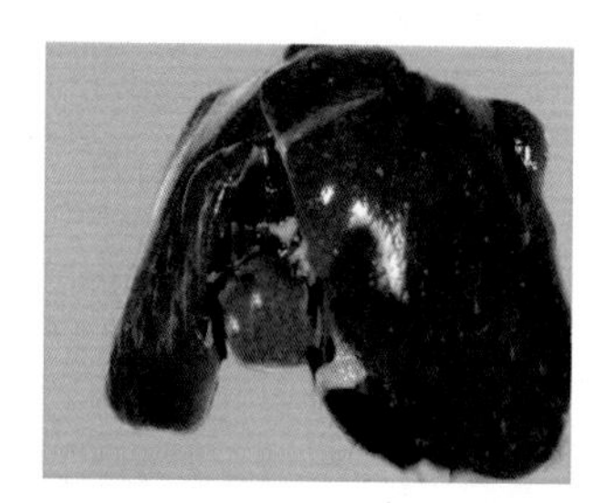

彩图 48　肝脏肿大、呈土黄色

彩图 49　肺、肝有灰白色小结节和坏死点

高效养蛋鸡

主　编　李福伟　李淑青

副主编　雷秋霞　周　艳

参　编　曹顶国　高金波　韩海霞　李桂明
　　　　李惠敏　刘伊革　汤存伟　王月明
　　　　许传田　刘　玮　陈　辉

机　械　工　业　出　版　社

本书以蛋鸡高效养殖为主线，结合蛋鸡高效养殖的案例，详尽地介绍了蛋鸡高效养殖各个环节的技术要点，图文并茂、深入浅出，使读者一看就懂，一学就会，全书共分为8章，内容包括我国蛋鸡业发展概况、我国蛋鸡生产的主导品种、蛋鸡养殖场的建设、蛋鸡的营养需要及日粮配合、蛋鸡的饲养管理、蛋鸡的疾病防治、废弃物的无害化处理以及典型案例介绍。

本书可供蛋鸡养殖户、基层技术人员和管理人员使用，也可供农业科研院校相关专业师生阅读和参考。

图书在版编目（CIP）数据

高效养蛋鸡/李福伟，李淑青主编. —北京：机械工业出版社，2015.2（2022.9重印）
（高效养殖致富直通车）
ISBN 978-7-111-49047-0

Ⅰ.①高… Ⅱ.①李…②李… Ⅲ.①卵用鸡-饲养管理 Ⅳ.①S831.4

中国版本图书馆CIP数据核字（2014）第306724号

机械工业出版社（北京市百万庄大街22号 邮政编码100037）
总 策 划：李俊玲 张敬柱　　策划编辑：郎 峰 高 伟
责任编辑：郎 峰 高 伟 周晓伟　　责任校对：张 力
版式设计：付方敏　　责任印制：单爱军
北京虎彩文化传播有限公司印刷
2022年9月第1版第5次印刷
140mm×203mm · 5.25印张 · 4插页 · 142千字
标准书号：ISBN 978-7-111-49047-0
定价：29.80元

电话服务
客服电话：010-88361066
010-88379833
010-68326294

网络服务
机 工 官 网：www.cmpbook.com
机 工 官 博：weibo.com/cmp1952
金 书 网：www.golden-book.com
机工教育服务网：www.cmpedu.com

序

改革开放以来，我国养殖业发展非常迅速，肉、蛋、奶、鱼等产品产量稳步增加，在提高人民生活水平方面发挥着越来越重要的作用。同时，从事各种养殖业也已成为农民脱贫致富的重要途径。近年来，我国经济的快速发展为养殖业提出了新要求，以市场为导向，从传统的养殖生产经营模式向现代高科技生产经营模式转变，安全、健康、优质、高效和环保已成为养殖业发展的既定方向。

针对我国养殖业发展的迫切需要，机械工业出版社坚持高起点、高质量、高标准的原则，组织全国20多家科研院所的理论水平高、实践经验丰富的专家学者、科研人员及一线技术人员编写了这套"高效养殖致富直通车"丛书，范围涵盖了畜牧、水产及特种经济动物的养殖技术和疾病防治技术等。

丛书应用了大量生产现场图片，形象直观，语言精练、简洁，深入浅出，重点突出，篇幅适中，并面向产业发展需求，密切联系生产实际，吸纳了最新科研成果，使读者能科学、快速地解决养殖过程中遇到的各种难题。丛书表现形式新颖，大部分图书采用双色印刷，设有"提示""注意"等小栏目，配有一些成功养殖的典型案例，突出实用性、可操作性和指导性。

丛书针对性强，性价比高，易学易用，是广大养殖户和相关技术人员、管理人员不可多得的好参谋、好帮手。

祝大家学用相长，读书愉快！

赵兴和

中国农业大学动物科技学院

前　言

我国蛋鸡产量居世界第一，2012年中国蛋鸡存栏量为14.5亿只左右，按照每只产蛋鸡提供鸡蛋16.0kg/年，中国鸡蛋产量为2.32×10^7t，占中国禽蛋总产量的81%左右，成为我国家禽业重要的组成部分。但是在单产等方面与世界水平差异显著，我国蛋鸡72周龄平均产蛋量为15～17kg，全期料蛋比为（2.3～2.7）∶1，产蛋期死淘率为10%～20%，而美国、荷兰等养禽发达国家以上三项指标分为：18～20kg、（2.0～2.3）∶1、3%～6%。导致差异巨大的主要因素有以下四点。一是低水平养殖比重大，生产提升困难。目前规模在5000只以下的蛋鸡养殖户还占很大的比重，这些养殖场设备简陋，仍以家庭式的小规模饲养为主，管理不规范。二是粪污处理难度大，环境污染严重。小规模饲养场大都没有配备粪污处理设备，对周围环境影响大；个别大型养殖场进行粪污无害化处理，制作有机肥等，但没有国家的相关扶持和补贴政策，运行较为困难。三是养殖品种以国外品种为主，原种引进受制于人。国内培育品种和土种蛋鸡品种占的比例还较低，严重影响了我国地方蛋鸡产业的发展。四是疾病对我国蛋鸡养殖业影响巨大。除此之外，许多消费者混淆“土鸡蛋”“土鸡”“柴鸡”等概念，对全价配合饲料等现代畜牧科技存在错误认知，导致部分蛋鸡特别是土种蛋鸡的饲养管理不规范，影响了土种蛋鸡产业的发展。

根据我国目前蛋鸡生产存在的问题和畜牧业的发展趋势，我们组织山东省农业科学院家禽研究所、山东农业工程学院、山东省农业科学院畜牧兽医研究所等单位长期在科研、教学工作一线的专家编写了本书。本书从蛋鸡品种、养殖场的选址与规划建设、营养需要、饲养管理、土种蛋鸡生产、疾病防治、废弃物的无害化处理等方面详细介绍了蛋鸡的科学饲养管理技术，还介绍了蛋鸡养殖的经典实例，期望对读者有所帮助。本书系统性强、图文并茂，可供蛋鸡养殖户、基层技术人员和管理人员使用，也可供农业科研院校相关专业师生阅读和参考。

需要特别说明的是，本书所用药物及其使用剂量仅供读者参考，不可照搬。在生产实际中，所用药物学名、常用名和实际商品名称有差异，药物浓度也有所不同，建议读者在使用每一种药物之前，参阅厂家提供的产品说明以确认药物用量、用药方法、用药时间及禁忌等。购买兽药时，执业兽医有责任根据经验和对患病动物的了解决定用药量及选择最佳治疗方案。

本书在编写过程中引用和参考了相关书籍和资料，在此对所引用书籍和资料的原作者表示衷心的感谢。由于时间仓促，书稿中难免有错误和不足，敬请广大读者批评指正。

编　者

目录

第四章　蛋鸡的营养需要及日粮配制

第五章　蛋鸡的饲养管理

第六章　蛋鸡的疾病防治

第七章　废弃物的无害化处理

第八章 典型案例介绍

附录 常用计量单位名称与符号对照表

参考文献

第一章
我国蛋鸡业发展概况

第一节　我国蛋鸡业发展现状及存在的问题

一　我国蛋鸡生产现状

1. 鸡蛋产量位居世界第一

我国蛋鸡行业经过几十年的快速发展，已连续21年成为禽蛋产量最多的国家。1980年至2012年，我国禽蛋产量年递增速度为7.8%，受禽流感疫情的影响，近两年增速有所减缓，世界同期仅为2.6%，发达国家鸡蛋存栏量及产量已基本保持稳定，近十年已基本没有增长。据联合国粮食及农业组织（FAO）统计资料，2010年我国人均占有鸡蛋量达到17.8kg，接近全球平均水平（9.3kg）的两倍，仅次于墨西哥（21.9kg）和日本（19.7kg），位居世界第三。2012年中国蛋鸡存栏量为14.5亿只左右，按照每只产蛋鸡提供鸡蛋16.0kg/年，中国鸡蛋产量为2.32×10^7t，占中国禽蛋总产量的81%左右，占世界鸡蛋产量的43.88%。而且我国鸡蛋生产的成本要比很多国家都低，但是这种优势并未转化成贸易优势。因此我国的鸡蛋产业还有很多发展的空间。鸡蛋产业是我国少数几个人均占有量居于世界前列的产业之一。我国蛋鸡产业的市场化起步早、发展快，存栏量与总产量长期排名世界第一，并且在近三十年来一直保持快速增长趋势。

2. 单产等方面与世界先进水平差距明显

我国蛋鸡72周龄平均产蛋量为15～17kg，全期料蛋比为(2.3～2.7)：1，产蛋期死淘率为10%～20%，而美国、荷兰等养禽发达国家以上三项指标分别为：18～20kg、(2.0～2.3)：1、3%～6%，与发达国家相比，我国蛋鸡在单产生产性能方面还存在很大差距。

3. 标准化规模养殖水平显著提升

标准化规模养殖是指在规模养殖场场址布局、鸡舍建设、生产设施配备、良种选择、投入品使用、卫生防疫、粪污处理等方面严格执行法律法规和相关标准的规定，并按程序组织生产的过程。主要内容包括品种良种化、养殖设施化、生产规范化、防疫制度化、粪污无害化、监测常态化。

标准化规模养殖是下一步蛋鸡的发展趋势，随着国家标准化规模养殖水平的逐步推进，蛋鸡的标准化规模养殖的技术水平也得到显著提升。2012年，蛋鸡年存栏量1万只以上的规模比重达到31.9%，比2007年提高了17个百分点；目前蛋鸡养殖存栏量在5000只以上的占所有蛋鸡存栏量的69.02%（其中存栏量为5000～9999只的占25.93%，存栏量为1万～5万只的占34.91%，存栏量为5万～10万只的占5.67%，存栏量为10万～50万只的占2.54%）。养殖存栏量为2000～4999只的占27.44%，2000只以下蛋鸡存栏量占总存栏量的比例仅为3.51%，但是存栏量为2000只及以下的养殖场（户）占养殖总场（户）的比例仍为14.88%。20世纪90年代定义的蛋鸡标准化是以蛋鸡存栏2000只及以上作为标准，目前看来该规模明显偏低，已经与我国目前蛋鸡生产养殖状态不太适应。上述数据充分说明我国蛋鸡标准化规模养殖水平的提高。

二 我国蛋鸡生产存在的问题

我国虽然是目前世界上蛋鸡生产第一大国，但产业发展水平与世界先进国家相比仍存在较大差距，如蛋鸡育种水平仍然较低；养殖企业总体规模偏小、技术创新能力薄弱、管理水平落后；产业生产方式以劳动力密集型为主，设备技术水平明显落后于发达国家；产业质量安全管理与保障体系不健全；产业环境污染严重等。长期

以来在以小规模分散养殖为主的生产方式下，我国蛋鸡生产标准化、集约化程度普遍较低，产业发展的稳定性和抗风险能力相对较弱，生产水平与发达国家相比还存在较大差距。综合而言，我国蛋鸡产业现状的形成固然有其特殊的历史和国情因素，但从国民经济和社会各产业发展的总体趋势判断，未来我国蛋鸡产业必然要走以标准化、规模化、集约化为内涵的现代产业化发展道路。

1. 祖代蛋鸡产能过剩，实际产能利用率较低

2009 年我国祖代蛋种鸡存栏共 64 万套，到 2010 年下降了 26%，为 55 万套；年供父母代能力接近 4000 万套，而父母代场总饲养能力在 2000 万套左右，祖代饲养量仍然显著过剩。2010 年父母代雏鸡实际销售量仅为理论产能的 35% 左右，在价格和人工成本不断上涨的同时，父母代雏鸡销售量和销售价格不断下滑，造成许多蛋种鸡场亏损，雏鸡价格低。

2. 鸡蛋加工水平低

目前，我国的蛋制品加工技术还比较落后，蛋制品主要是皮蛋、咸蛋、槽蛋、冰蛋、全蛋粉、蛋白粉、蛋黄粉等传统品种，与国外蛋制品加工状况相比，还有较大差距。如目前巴氏杀菌液体蛋制品在澳大利亚、欧洲、日本和美国已经占鸡蛋产量的 30% ~40%，但我国这一比例却不足 1%。我国蛋制品加工率较低，蛋制品加工业产值较小，仅占到整个蛋鸡产业总产值的 7.54%，鸡蛋加工主要以传统再制蛋为主，而深加工能力较弱。蛋制品加工企业虽然有 1700 多家，但大型生产加工类企业较少，且其经营规模也普遍较小。这些企业主要集中在湖北等省，区域间的蛋制品加工能力十分不平衡。由于加工能力有限，我国的蛋制品对外出口贸易也主要以鲜蛋为主。

3. 小规模分散饲养还占有一定比例，并存在一定的安全隐患

1）疾病预防和控制能力较差。农户资金有限、投入不足，养殖设施设备简陋，人禽混居、畜禽混养，鸡舍布局不合理，消毒措施不完备，防疫体系不健全，技术力量薄弱，不能做到全进全出，容易导致鸡群交叉感染疾病。

2）在生产和兽医管理中，对新城疫、禽流感等重大疫病的防控存在认识误区，无抗体监测手段，免疫程序不当，不能科学地使用

疫苗，而是过分地依赖疫苗乃至滥用疫苗。

3）难以解决饲料中违禁药物的使用和药物残留问题，对分散农户使用饲料的检测和监控成本较高；加之鸡舍内环境卫生和鸡群健康问题，导致生产过程中的微生物污染，蛋制品质量安全难以保障。

4）农村的兽药、疫苗销售市场缺乏统一管理，厂商往往通过大量的广告宣传或雇佣销售人员游说农户购买自己的产品，甚至出现恶性竞争；而农户恰恰缺乏相应的专业知识，又没有专职的兽医或技术人员给予指导，盲目选择疫苗，使本就十分脆弱的防疫体系雪上加霜。

4. 市场预警预测系统未建立，行业应对市场风险的能力较弱

目前，中小规模养殖场仍然是我国蛋鸡养殖业的主要力量，养殖主体对市场信息的掌握及对风险的判断和应对能力相对较弱，产业周期性波动的现象长期存在，短期价格波动带来的风险较大，迫切需要政府部门尽快建立产业预警系统，实现信息的及时掌握和发布，降低行业因信息传递不畅带来的风险。

第二节　我国蛋鸡业的发展方向

1. 规模化、标准化是我国蛋鸡业发展的主导方向

随着我国经济、社会的发展，工业化、信息化、城镇化及农业现代化步伐日益加快，农业人口就业机会增加，收入稳定增长，文化水平不断提高，以解决就业和脱贫致富为目的进入蛋鸡养殖行业的人数越来越少，小规模的蛋鸡养殖效益不断下降，会促使小规模养殖加速退出。由于我国经济结构的调整，其他行业资本会有选择地进入蛋鸡养殖行业，规模化、集约化的蛋鸡养殖企业会不断增加。

目前国家在推进规模化、标准化建设，大力发展蛋鸡标准化规模养殖，提升蛋鸡产业现代化、集约化程度是未来蛋鸡产业高效安全生产的保障。将传统养殖转变为现代化、工厂化养殖，配备先进的仪器设备，应用最先进的环境控制系统和先进的饲养管理技术，在此基础上形成适度的标准化规模养殖，最后形成完整的蛋鸡产业链。

2. 鼓励成立合作社

蛋鸡养殖合作社是解决我国蛋鸡行业目前困境的一种有效手段，

发达国家的发展历程已经充分证明了这一点。随着城市化进程的加快和市场准入制度的实行，中小散户的鸡蛋直接进入市场的比例将逐步降低，经过鸡蛋加工企业的加工、处理、包装进入的份额逐步上升。龙头企业负责市场的风险，养殖户只承担养殖的风险。市场一旦形成这种格局，龙头企业或合作社就会规范养殖户的养殖品种、规模和质量，实现市场的有序发展，推动蛋鸡养殖走向适度的规模化和自动化。由于我国的养殖合作社刚刚起步，所以政府必须加大扶持力度和规范力度，如对符合要求的蛋鸡养殖合作社给予直接补贴等。

3. 土种蛋鸡业发展是蛋鸡产业发展的一大补充

虽然目前土种蛋鸡所占鸡蛋总量的比例仅仅为8%左右，而绝大部分鸡蛋是罗曼、海兰等高产蛋鸡所产的蛋。但我国家禽品种资源丰富，拥有很多种优良的地方品种，加上土种蛋鸡旺盛的市场消费需求，加速了地方品种资源的开发和利用，为地方品种的繁殖提供了前所未有的发展机遇；另外我国很多地方具有独特的地域特征，山地、丘陵、荒坡、林地资源丰富，这些生态资源为生产土种蛋鸡提供了得天独厚的自然条件。因此，土种蛋鸡业仍然有一定的发展空间。为了适应多元化市场需求，土种蛋鸡将作为我国蛋鸡产业的一大补充，来满足多元化市场的需求。

4. 疫病防控体系建设是我国蛋鸡业长期发展的必要条件

应逐步完善我国蛋鸡疫病防控体系，提高疫病防控能力。在国家层面，要重视疫病防控，要以疫病防控专项研究为依据，科学规划疫病防控事业，规范蛋鸡养殖产业，建立健全蛋鸡重大疫病防控系统，加大公益性蛋鸡疫病防控经费的投入，做好蛋鸡基础防疫、疫病防控指导、疫病预警和疫病扑灭等公益性疫病防控服务，推进健康养殖和标准化养殖，持续提高蛋鸡疫病综合防控能力和风险抵御能力。同时，企业也应积极建立健全蛋鸡疫病内部防控制度。

5. 国内优良种鸡资源研发体系有待建立和完善

针对目前国内蛋鸡品种长期依赖进口、种源权受国外企业控制的现状，我国应加大对种禽良种繁育基地建设的投入力度，尽快推动我国种鸡资源自主研发体系的建立和完善，以降低蛋鸡养殖企业的

养殖成本，同时有利于增强我国蛋鸡企业的自主能力，增强抵御国际金融危机和国际流通市场波动带来的不利影响。

6. 蛋鸡品种国产化比例将会有所提高

在国际蛋种鸡市场上，蛋种鸡和商品鸡形成了金字塔式繁育体系，蛋种鸡市场竞争非常激烈，蛋鸡育种集中垄断趋势明显，目前美国海兰公司和德国罗曼公司基本垄断了国际蛋鸡良种。我国由于长期引进国外蛋鸡祖代（配套系），导致本土蛋鸡优质资源受到限制和浪费，本土蛋种鸡生产水平下降，国产蛋鸡丧失了大部分市场。在此背景下，我国蛋鸡育种企业积极投身育种事业，加强科研投入，坚持自主创新，并逐渐培育了具有一定影响力的国产蛋种鸡，包括大午京白939、农大3号、上海新杨褐、京红1号和京粉1号等。这些本土品种具有很强的适应力，获得越来越多用户的认可。蛋鸡品种国产化比例的提高，改变了我国蛋鸡产业受控于国外蛋鸡育种公司的格局，明显提高了我国蛋鸡产业的自主创新能力和国产蛋鸡品种的产业主导能力。

第二章
我国蛋鸡生产的主导品种

蛋鸡根据蛋壳颜色的不同分为白壳蛋鸡系、褐壳蛋鸡系及粉壳蛋鸡系。目前我国饲养的高产蛋鸡品种来源于三个方面，一是由国外引进的蛋鸡品种，主要有海兰、罗曼、海赛克斯和伊莎等品种（表2-1）；二是我国自主培育的农大3号、京红1号、京红3号等；三是我国固有的部分地方品种。

表2-1　2009年以来祖代蛋鸡引种量

品　种	引种量/套	市场占有率
海兰褐/灰/白/银褐	1433279	76.88%
罗曼白/粉/褐	202436	10.86%
海赛克斯粉/褐/白	71757	3.85%
伊莎褐/伊莎婷特	48462	2.59%
特佳褐/粉/白	59500	3.19%
尼克珊瑚粉/红	34847	1.87%
雪佛黑	8030	0.43%
巴布考不	6086	0.33%
合计	1864397	100.0%

注：数据来源于全国畜牧业协会（全国畜牧业信息网）发布的祖代蛋鸡引种量，截至2013年11月4日。

第一节 引进高产品种

一 海兰褐

海兰褐（彩图 1）系美国海兰国际公司育成的四系配套杂交鸡，其父本为洛岛红鸡品种，而母本则为洛岛白鸡品种。由于父本洛岛红和母本洛岛白分别带有伴性金色和银色基因，其配套杂交所产生的商品代可以根据绒毛颜色自别雌雄：公雏鸡为白色，母雏鸡为褐色。海兰褐的特点是产蛋量高、产蛋高峰持久、适应性强，适应于全国各地饲养。海兰褐蛋鸡商品代主要生产性能指标见表 2-2。

表 2-2 海兰褐蛋鸡商品代主要生产性能指标

性状		性能指标
生长期（0～17 周龄）	成活率（%）	96～98
	17 周龄平均体重/kg	1.48
	饲料消耗/kg	6
产蛋期（18～80 周龄）	50% 产蛋日龄/天	146
	高峰产蛋率（%）	94～96
	入舍母鸡 80 周龄产蛋数/枚	347
	入舍母鸡 80 周龄蛋重/kg	22.6
	平均蛋重/g	32 周龄 62.3；70 周龄 66.9
	21～74 周龄平均料蛋比	（2.0～2.3）：1
	18～80 周龄平均日耗料/（g/只）	112

二 海兰白

海兰白（彩图 2）系美国海兰国际公司培育的四系配套优良蛋鸡品种，属于白壳蛋鸡配套系，分 W-98 和 W-36 两个配套系。我国从 20 世纪 80 年代引进，目前在全国有多个祖代或父母代种鸡场，是海兰白中饲养较多的品种之一。该品种具有产蛋量高、死亡率低、饲料报酬高等优点，适应于全国各地饲养。这两个配套系的生产性能指标见表 2-3。

表 2-3 海兰白蛋鸡商品代主要生产性能指标

	性　　状	W-98 性能指标	W-36 性能指标
生长期 （0～18 周龄）	成活率（%）	96～98	96～98
	18 周龄平均体重/kg	1.32	1.28
	饲料消耗/kg	5.99	5.66
产蛋期 （19～80 周龄）	50%产蛋日龄/天	146	148
	高峰产蛋率（%）	93～95	89～94
	入舍母鸡 80 周龄蛋重/kg	20.9	20.5
	平均蛋重/g	60	63
	19～80 周龄平均料蛋比	2.10:1	2.16:1
	19～80 周龄平均日耗料/(g/只)	102	102
	成活率（%）	93	95

三 海赛克斯褐

海赛克斯褐（彩图 3）系荷兰优利布里德公司育成的四系配套杂交鸡。这种鸡在世界各地分布也较广，是目前国际上产蛋性能最好的褐壳蛋鸡之一，具有耗料少、产蛋量高、成活率高等优点。父本两系均为红褐色，母本两系均为白色，商品代雏鸡可用羽色自别雌雄：公雏鸡为白色，母雏鸡为褐色。该品种母鸡性情温顺、产蛋高峰期长、抗寒性强、抗热性差，适宜北方寒冷地区饲养。目前全国各地均有饲养，普遍反映该鸡种不仅产蛋性能好，而且适应性和抗病力强。其生产性能指标见表 2-4。

表 2-4 海赛克斯褐蛋鸡商品代主要生产性能指标

	性　　状	性能指标
生长期 （0～18 周龄）	成活率（%）	97
	18 周龄平均体重/kg	1.51
	饲料消耗/kg	6.2

（续）

	性　状	性能指标
产蛋期（19～76周龄）	平均开产日龄/天	140
	高峰产蛋率（%）	95
	入舍母鸡76周龄平均产蛋数/枚	330
	入舍母鸡76周龄蛋重/kg	20.8
	平均蛋重/g	63
	19～76周龄平均料蛋比	2.11:1
	19～76周龄平均日耗料/（g/只）	112
	成活率（%）	94

四 海赛克斯白

海赛克斯白（彩图4）系荷兰优利布里德公司育成的四系配套杂交鸡。该品种以产蛋强度高、蛋重大而著称，被认为是当代最高产的白壳蛋鸡之一，特点是白羽毛、白蛋壳，商品代雏鸡可用羽速自别雌雄。其生产性能指标见表2-5。

表2-5　海赛克斯白蛋鸡商品代主要生产性能指标

	性　状	性能指标
生长期（0～17周龄）	成活率（%）	95.5
	17周龄平均体重/kg	1.11
	饲料消耗/kg	5.1
产蛋期（19～78周龄）	平均开产日龄/天	145
	高峰产蛋率（%）	95
	入舍母鸡78周龄平均产蛋数/枚	338
	入舍母鸡78周龄蛋重/kg	20.5
	平均蛋重/g	61
	19～76周龄平均料蛋比	2.07:1
	成活率（%）	92

五 罗曼褐

罗曼褐（彩图5）系德国罗曼公司育成的四系配套的高产蛋鸡。父本两系均为褐羽，母本两系均为白羽。商品代雏鸡可用羽色自别雌雄：公雏鸡为白羽，母雏鸡为褐羽。其特点为生长发育快、性成熟早、产蛋性能优良、饲料报酬高、适应性强，适合各地集约化、工厂化蛋鸡生产和农村专业户养殖。罗曼褐蛋鸡商品代主要生产性能指标见表2-6。

表2-6　罗曼褐蛋鸡商品代主要生产性能指标

	性　状	性能指标
生长期（0~20周龄）	成活率（%）	97~98
	18周龄平均体重/kg	1.5~1.6
	饲料消耗/kg	7.4~7.8
产蛋期（19~72周龄）	50%产蛋日龄/天	22~23
	高峰产蛋率（%）	90~93
	入舍母鸡72周龄平均产蛋数/枚	285~295
	入舍母鸡72周龄蛋重/kg	17.6
	平均蛋重/g	64
	19~72周龄平均料蛋比	（2.3~2.4）:1
	成活率（%）	94~96

六 罗曼白

罗曼白（彩图6）系德国罗曼公司育成的两系配套杂交鸡，即精选罗曼SLS，具有产蛋量高、蛋重大、适应性强、耗料少、成活率高等优良特点，该品种饲养量分布在全国20多个省区，是蛋鸡中覆盖率较高的品种之一。其生产性能指标见表2-7。

表2-7　罗曼白蛋鸡商品代主要生产性能指标

	性　状	性能指标
生长期（0~20周龄）	成活率（%）	96~98
	18周龄平均体重/kg	1.3~1.35
产蛋期（19~72周龄）	50%产蛋日龄/天	22~23
	高峰产蛋率（%）	92~94

（续）

	性　状	性能指标
产蛋期（19～72周龄）	入舍母鸡72周龄平均产蛋数/枚	290
	入舍母鸡72周龄蛋重/kg	18～19
	平均蛋重/g	62
	19～72周龄平均料蛋比	2.35:1
	成活率（%）	95

第二节　自主培育高产品种

截至2013年12月，通过国家级品种审定的蛋鸡新品种（配套系）共8个，详见表2-8。

表2-8　通过国家审定的蛋鸡新品种（配套系）名录

配套系名称	公告时间	培育单位
新杨褐壳蛋鸡配套系	2000年	上海新杨家禽育种中心
农大3号小型蛋鸡配套系	2004年	中国农业大学动物科学技术学院
京红1号蛋鸡配套系	2009年	北京市华都峪口禽业有限责任公司
京粉1号蛋鸡配套系	2009年	北京市华都峪口禽业有限责任公司
新杨白壳蛋鸡配套系	2010年	上海家禽育种有限公司
新杨绿壳蛋鸡配套系	2010年	上海家禽育种有限公司
大午粉1号蛋鸡配套系	2013年	河北大午农牧集团种禽有限公司、中国农业大学
苏禽绿壳蛋鸡配套系	2013年	江苏省家禽科学研究所、扬州翔龙禽业发展有限公司

下面介绍这几个通过国家畜禽遗传资源委员会审定的品种。

一　京红1号蛋鸡配套系

京红1号（彩图7）由北京市华都峪口禽业有限责任公司培育的优良蛋鸡配套系，2009年2月13日通过农业部家畜遗传资源委员会

审定。商品代开产早，产蛋量高，90%以上产蛋率维持8个月以上。好饲养，抗病强，适应粗放养的饲养环境；免疫调节能力强。吃料少，效益高。其生产性能指标见表2-9。

表2-9 京红1号商品代主要生产性能指标

	性 状	性能指标
生长期（0~18周龄）	母鸡成活率（%）	96~98
	18周龄母鸡平均体重/g	1410
产蛋期（19~68周龄）	50%开产日龄/天	143~150
	母鸡成活率（%）	92~95
	入舍母鸡产蛋数/枚	268~278
	68周龄母鸡体重/g	1910
	全期平均蛋重/g	55~58
	高峰期料蛋比	（2.0~2.1）:1

二 京粉1号蛋鸡配套系

京粉1号（彩图8）由北京市华都峪口禽业有限责任公司培育的优良蛋鸡配套系，2009年2月13日通过农业部家畜遗传资源委员会审定。该品种蛋鸡抗病强，有较强的适应能力，适合中国粗放的饲养环境；吃料少，效益高。商品代产蛋率90%以上都能达到9个月以上。其生产性能指标见2-10。

表2-10 京粉1号商品代主要生产性能指标

	性 状	性能指标
生长期（0~18周龄）	母鸡成活率（%）	95~97
	18周龄母鸡平均体重/g	1220
产蛋期（18~68周龄）	50%开产日龄/天	138~146
	母鸡成活率/%	92~95
	入舍母鸡产蛋数/枚	270~280
	68周龄母鸡体重/g	1600
	高峰期料蛋比	（2.0~2.1）:1

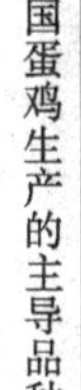

三 农大3号小型蛋鸡配套系

农大3号（彩图9）节粮小型蛋鸡是由中国农业大学培育的优良蛋鸡配套系，分农大褐和农大粉两个品系。该品种蛋鸡体型小，成年鸡体重1.6kg左右，身高比普通蛋鸡矮10cm左右，饲养密度可提高33%。采食量低，产蛋高峰期日采量平均85～90g/只，比普通蛋鸡节粮20%～25%（每只鸡年可节约9～10kg饲料）。抗病力强、适应性好、成活率高。性格温顺、不善飞翔，适合林地、果园等地散养或放养。其生产性能见表2-11。

表2-11 农大3号商品代主要生产性能指标

	性　状	3号褐壳	3号粉壳
生长期（0～120日龄）	成活率（%）	97	96
	平均体重/g	1250	1200
	饲料消耗/kg	5.7	5.5
产蛋期（120日龄～72周龄）	开产日龄/天	150～156	148～153
	高峰产蛋率（%）	93	94
	入舍母鸡72周龄产蛋数/枚	275	278
	入舍母鸡72周龄蛋重/kg	15.7～16.4	15.6～16.7
	全期平均蛋重/g	55～58	55～58
	平均料蛋比	(2.0～2.1):1	(2.0～2.1):1
	产蛋期平均日耗料/（g/只）	88	87
	产蛋期成活率（%）	96	96
	全程料蛋比	(2.0～2.2):1	(2.0～2.2):1

四 新杨褐壳蛋鸡配套系

新杨褐壳蛋鸡（彩图10）是由上海家禽育种有限公司、中国农业大学及国家家禽工程技术研究中心共同培育出的高产褐壳蛋鸡新品种。该配套系已于2000年通过了国家畜禽品种审定委员会的审定证书编号：（农09）新品种证字第2号。2002年获上海市科技进步二等奖。新杨褐壳蛋鸡配套系为四系配套，父母代以羽速自别雌雄，商品代以羽毛颜色自别雌雄。该鸡具有产蛋率高、成活率高、饲料报酬高和抗病力强等优点。商品代的外貌特征：商品代母雏喙上缘有褐色绒毛，成年母鸡为红色单冠、褐羽，喙、胫为黄色，产褐壳蛋。养殖要点：按照高产蛋鸡的标准化饲养方式饲养。适宜区域：全国各地。其商品代生产性能指标见表2-12。

表2-12 新杨褐壳蛋鸡配套系商品代主要生产性能指标

	性　状	性能指标
生长期（0~18周龄）	成活率（%）	96~98
	18周龄平均体重/g	1480
产蛋期（19~72周龄）	开产日龄/天	140~152
	高峰产蛋率（%）	92~98
	入舍母鸡72周龄产蛋数/枚	280~310
	入舍母鸡72周龄蛋重/kg	17.0~20
	全期平均蛋重/g	61.5~64.5
	平均料蛋比	(2.02~2.25):1
	产蛋期平均日耗料/（g/只）	115~120
	产蛋期成活率（%）	91~95

五 新杨白壳蛋鸡配套系

新杨白壳蛋鸡（彩图11）是由上海家禽育种有限公司、中国农业大学及国家家禽工程技术研究中心等以产学研相结合，利用从国外引进的纯系蛋鸡品系，运用配套系育种技术等培育的高产白壳蛋鸡配套系。该配套系已于2010年12月通过了国家畜禽资源委员会的审定，证书编号：（农09）新品种证书第40号。商品代全身羽毛为白色，单冠，冠和髯为红色，耳叶为白色，皮肤、胫和喙呈黄色，体型结实紧凑，蛋壳颜色为白色。雏鸡利用快慢羽速自别雌雄。其生产性能指标见表2-13。

表 2-13　新杨白壳蛋鸡配套系商品代主要生产性能指标

	性　　状	性能指标
生长期（0~18 周龄）	成活率（%）	95~98
	平均体重/g	1280~1350
	1~18 周龄饲料消耗/（kg/只）	5.8~6.4
产蛋期（19~72 周龄）	开产日龄/天	145~152
	高峰产蛋率（%）	92~94
	入舍母鸡 72 周龄产蛋数/枚	290~310
	全期平均蛋重/g	62.5~64.5
	平均料蛋比	（2.05~2.25）:1

六　新杨绿壳蛋鸡配套系

新杨绿壳蛋鸡（彩图 12）是由上海家禽育种有限公司、中国农业大学及国家家禽工程技术研究中心紧密结合，以我国地方绿壳蛋鸡品种资源及从国外引进的高产蛋鸡品系为育种素材，运用配套系育种技术培育成的高效绿壳蛋鸡新品种。已于 2010 年 12 月通过了国家品种审定委员会的审定。

新杨绿壳蛋鸡配套系是传统育种技术与分子育种技术成果结合的成功模式，在培育过程中运用分子检测技术提纯了育种群的绿壳性状，并剔除了鱼腥味等位基因携带个体，形成高产绿壳蛋鸡配套系。商品代全身羽毛颜色为灰白色带有黑斑，单冠，冠和髯为红色，耳叶为白色，皮肤、胫和喙呈浅青色，体型结实紧凑，蛋壳颜色为绿色。初生雏鸡可利用快慢羽自别雌雄。商品代绿壳率达 97% 以上，72 周龄产蛋量达到 13.0kg 以上。按照高产蛋鸡的标准化饲养方式饲养。其生产性能指标见表 2-14。

七　大午粉 1 号蛋鸡配套系

大午粉 1 号（彩图 13）是河北大午农牧集团种禽有限公司和中国农业大学合作，利用“京白 939”和国外引进的优良蛋鸡罗曼配套系为育种素材，经过新品系培育、配合力测定，成功培育的蛋鸡配套系。该配套系是根据我国饲养条件和市场需求自主培育的高产浅褐壳蛋鸡优秀新品种，具有较高的综合生产性能，抗逆性强，耗料少，产蛋量高，产蛋率高，种蛋受精率高、孵化率高、疾病净化完善，广泛适应我国气候和地域饲养条件，既适合高密度集约化养殖，也适合放养养殖，是生产品牌鸡蛋的首选品种。

表 2-14　新杨绿壳蛋鸡配套系商品代主要生产性能指标

性状		性能指标
生长期（0～18 周龄）	成活率（%）	96～98
	18 周龄平均体重/g	1212～1280
	饲料消耗/kg	5.1～5.9
产蛋期（19～72 周龄）	50%产蛋日龄/天	148～153
	高峰产蛋率（%）	86～89
	入舍母鸡 72 周龄产蛋数/枚	245～256
	入舍母鸡 72 周龄蛋重/kg	13.1～14.5
	全期平均蛋重/g	45～50
	平均料蛋比	（2.4～2.6）:1
	绿壳率（%）	90～100

商品代成年母鸡全身羽毛为白色，皮肤、喙和胫的颜色为黄色，体型清秀适中，蛋壳颜色为浅褐色，其主要优势为产蛋量高、蛋壳颜色好、适应性强、饲料转化率高。广泛适应我国地域、气候和饲养条件，能够显著提高经济效益。其生产性能指标见表 2- 15。

表 2-15　大午粉 1 号蛋鸡配套系商品代主要生产性能指标

性状		性能指标
生长期（0～18 周龄）	成活率（%）	95～98
	18 周龄平均体重/g	1400～1450
	饲料消耗/kg	6.0～6.5
产蛋期（19～72 周龄）	50%产蛋日龄/天	142～146
	高峰产蛋率（%）	90～96
	入舍母鸡 72 周龄产蛋数/枚	290～305
	入舍母鸡 72 周龄蛋重/kg	18.5～20.0
	全期平均蛋重/g	60.5～63.0
	平均料蛋比	（2.20～2.30）:1
	72 周龄体重/g	1880～1950

八 苏禽绿壳蛋鸡配套系

苏禽绿壳蛋鸡（彩图14）属二系配套系，是由江苏省家禽科学研究所和扬州翔龙禽业发展有限公司共同培育而成的，于2013年8月通过了国家审定。该配套系父母代种鸡具有遗传性能稳定、适应性强、体型外貌一致性高、入孵蛋孵化率高等优点。据市场反映，苏禽绿壳蛋鸡商品代鸡具有地方鸡外貌特征，体型较小，遗传性能稳定，群体均匀度好，淘汰老鸡符合市场对地方鸡老母鸡的需求，产蛋量高，绿壳率达100%，产品售价高，适合于笼养和放养等饲养方式，养殖综合效益好等优点，市场竞争优势非常明显。其生产性能指标见表2-16。

表2-16　苏禽绿壳蛋鸡配套系商品代主要生产性能指标

	性　状	性能指标
生长期（0~18周龄）	成活率（%）	95.8
	18周龄平均体重/g	997.5~1173.1
产蛋期（19~72周龄）	成活率（%）	94.9
	50%产蛋日龄/天	145
	高峰产蛋率（%）	86~89
	入舍母鸡72周龄产蛋数/枚	221
	入舍母鸡72周龄蛋重/kg	10.1
	全期平均蛋重/g	42.7~48.7
	平均料蛋比	3.3:1
	淘汰鸡平均体重/g	1384.2~1625.8

第三节　地方蛋用型品种

我国幅员广阔，地形复杂，气候条件迥异，各地自然条件及经济文化的差异显著，人们对家禽的选择和利用目的也不一样，形成了许许多多具有地方特色的鸡种，根据其生产性能的不同把它们分为以下几种类型。

蛋用品种：仙居鸡、白耳黄鸡、湖北红鸡、拉萨白鸡等。

肉蛋兼用品种：济宁百日鸡、汶上芦花鸡、狼山鸡、大骨鸡、北京油鸡、浦东鸡、寿光鸡、彭县黄鸡、峨眉黑鸡、固始鸡、萧山鸡、鹿苑鸡、边鸡、林甸鸡、静原鸡等。

肉用品种：武定鸡、桃源鸡、清远麻鸡、杏花鸡、河田鸡、霞烟鸡、溧阳鸡、惠阳胡须鸡等。

药用品种：丝羽乌骨鸡等。

其他品种：茶花鸡、藏鸡、中国斗鸡等。

下面介绍几种具有地方特色的蛋用或者肉蛋兼用的品种。

一 仙居鸡

1. 产地与分布

仙居鸡（彩图15）又称梅林鸡，属小型蛋用型品种。主产于浙江省仙居县及邻近的临海、天台、黄岩等地，分布于浙江省东南部。2000年已被列入国家级畜禽品种资源保护品种。

2. 外貌特征

（1）羽色 有黄、黑、白3种羽色，以黄色为多见。公鸡羽为黄红色，梳羽、蓑羽色较浅有光泽，主翼羽为红色夹黑色，镰羽和尾羽均为黑色。母鸡羽色较杂，以黄色为主，颈羽颜色较深，主翼羽羽片为半黄半黑，尾羽为黑色。雏鸡绒羽为黄色，但深浅不同，间有浅褐色。

（2）体型外貌 全身羽毛紧贴，结构紧凑，体态匀称，头昂胸挺，尾羽高翘，背平直，骨骼细致，神经敏捷，易受惊吓，善飞跃。头大小适中，颜面清秀。喙为黄色或青色。肉髯薄、中等大小、鲜红色。耳叶为椭圆形。眼睑薄。

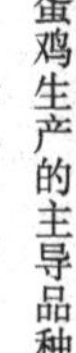

（3）虹彩 虹彩橘黄色，也有金黄色、褐色和灰黑色。

（4）冠 单冠，冠齿为5~7个。公鸡冠直立，高3~4cm。母鸡冠矮，高约2cm。

（5）皮肤 皮肤为白色或浅黄色。

（6）胫、趾 胫、趾为黄色或青色，以黄色居多。

3. 品种性能

（1）生长速度与产肉性能 平均体重初生为33g；30日龄公鸡为142g，母鸡为113g；60日龄公鸡为403g，母鸡为279g；90日龄公

鸡为668g，母鸡为495g；120日龄公鸡为985g，母鸡为684g；180日龄公鸡为1257g，母鸡为935g；成年公鸡为1440g，母鸡为1250g。180日龄公鸡平均半净膛屠宰率为82.70%，母鸡为82.96%；180日龄公鸡平均全净膛屠宰率为71.00%，母鸡为72.22%。

（2）产蛋性能与繁殖性能　母鸡平均开产日龄为184天。平均年产蛋213枚，高者达269枚，平均蛋重为46g。平均蛋壳厚度为0.30mm，平均蛋形指数为1.36。公母鸡配种比例为1:(16~20)。平均种蛋受精率为94.3%，平均受精蛋孵化率为83.5%。公母鸡利用年限为1~2年。

二　白耳黄鸡

1. 产地与分布

白耳黄鸡（彩图16）又称三黄白耳鸡、白耳鸡，属蛋用型品种。以其全身披黄色羽毛、耳叶白色而得名。它是我国稀有的白耳鸡种。原产地在江西省上饶市的广丰、上饶、玉山三县，现分布在江西众多市、县和浙江省江山等地。2000年已被列入国家级畜禽品种资源保护品种。

2. 外貌特征

（1）羽色　外貌表现为“三黄一白”，即黄羽、黄喙、黄脚、白耳。耳叶大，呈银白色，似白桃花瓣。全身羽毛为黄色。初生雏绒羽以黄色为主。

（2）体型外貌　体型矮小，体重较轻，羽毛紧密，后躯宽大，属蛋用型鸡种体型。公鸡体躯呈船形，喙略弯，呈黄色或灰黄色，有时上喙端部呈褐色，虹彩呈金黄色。母鸡体躯呈三角形，头部羽毛短，呈橘红色，结构紧凑，喙呈黄色，有时喙端呈褐色，虹彩呈橘红色。

（3）冠　公鸡单冠直立，冠齿为4~6个；肉髯软，薄而长；冠、肉髯呈鲜红色。母鸡单冠直立，冠齿为6~7个，少数母鸡性成熟后冠倒伏；冠、肉髯呈红色。

（4）皮肤、胫　皮肤、胫呈黄色，无胫羽。

3. 品种性能

（1）生长速度与产肉性能　平均体重：初生为37g；30日龄为144g；60日龄公鸡为435g，母鸡为411g；90日龄公鸡为735g，母鸡为599g；成年公鸡为1450g，母鸡为1300g。成年公鸡平均半净膛屠宰率为83.33%，母鸡为85.25%；成年公鸡平均全净膛屠宰率为76.67%，母鸡为69.76%。

（2）产蛋性能与繁殖性能 母鸡平均开产日龄为151天。平均年产蛋为180枚，平均蛋重为53g。平均蛋壳厚度为0.36mm，平均蛋形指数为1.37。蛋壳呈浅褐色。公鸡性成熟期为110~130天。公母鸡配种比例为1:(12~15)。平均种蛋受精率为92.12%，平均受精蛋孵化率为94.29%。公母鸡利用年限为1~2年。

三 济宁百日鸡

1. 产地与分布

济宁百日鸡（彩图17）属肉蛋兼用型品种。因早熟母鸡开产日龄在100天左右而得名。原产于山东省济宁市郊区，分布于邻近的嘉祥、金乡、兖州等地。该品种形成的主要原因是当地群众长期选择下蛋早、体型小、觅食性强、开产早的个体的缘故。此外，自唐宋以来，该地区一直是消费禽肉、禽蛋较大的集散地，也是该品种形成的重要原因之一。

2. 外貌特征

（1）羽色 公鸡羽毛为红色、黄色，以红色居多，杂色较少；红羽公鸡羽毛鲜艳，尾羽为黑色，有绿色光泽。母鸡羽毛为麻色、黄色和花色等，以麻色居多；麻鸡头颈羽为麻花色，羽面边缘为金黄色，中间为灰色或黑色条斑，肩羽和翼羽多为深浅不同的麻色，主翼羽、副翼羽末端及尾羽为浅黑色或黑色。

（2）体型外貌 体型小而紧凑，体躯略长，头尾上举，背部呈"U"字形。头大小适中。喙为黑色，其尖端为浅白色，其次为白色和黑色，栗色喙占20%。

（3）虹彩 主要有橘黄色和浅黄色两种。

（4）冠 单冠。冠、肉髯、耳叶、脸呈鲜红色。

（5）皮肤、胫、趾 皮肤白色。胫、趾铁青色或灰色。少数鸡有胫、趾羽。

3. 品种性能

（1）生长速度与产肉性能 平均体重：196日龄公鸡为1100g，

母鸡为940g；成年公鸡为1320g，母鸡为1160g。196日龄公鸡平均半净膛屠宰率为77%，母鸡为84%；196日龄公鸡平均全净膛屠宰率为58%，母鸡为64%。

（2）产蛋性能与繁殖性能 母鸡平均开产日龄为110天，最早为80天。平均年产蛋140枚，高者达200枚，平均蛋重为42g。平均蛋形指数为1.31。蛋壳呈粉红色或浅褐色。公母鸡配种比例为1:15。平均种蛋受精率为90%，平均受精蛋孵化率为90%。就巢鸡多见于两年以上的母鸡，就巢率为6%~10%，年就巢1~2次，个别3~4次。成年鸡换羽时间集中在8~11月，高产鸡换羽仅需30~40天。公母鸡利用年限为2~3年。

四 汶上芦花鸡

1. 产地与分布

汶上芦花鸡（彩图18）俗称“芦花鸡”，属蛋肉兼用型品种。因产地在山东省汶上县境内而得名。分布于汶上县相邻的一些市、县。

2. 外貌特征

（1）羽色 横斑羽为该鸡的基本特征，全身大部分羽毛呈黑白相间、宽窄一致的斑纹状。公鸡颈羽和鞍羽部分呈红色，尾羽呈黑色且带有绿色光泽。母鸡头部和颈羽边缘镶嵌橘红色或土黄色，羽毛紧密，清秀美观。

（2）体型外貌 体形呈“元宝”状，颈部挺立，前躯稍窄，背长而平直，后躯宽而丰满，胫较长，尾羽高翘。头大小适中。喙基部呈黑色，边缘及尖端呈白色。头型多为平头，少数为凤头。

（3）冠 冠型以单冠为主，少数为胡桃冠、玫瑰冠、豆冠。

（4）虹彩 以橘红色为最多，土黄色次之。

（5）皮肤、胫、趾 皮肤为白色。胫、趾为白色、黄色或青色，以白色居多。

3. 品种性能

（1）生长速度与产肉性能 平均体重：120日龄公鸡为1180g，母鸡为920g；成年公鸡为1400g，母鸡为1260g。羽毛生长较慢，120日龄主翼羽和尾羽尚未长齐，一般在180日龄时全部换为成年羽。

180日龄公鸡平均半净膛屠宰率为81%，母鸡为80%；180日龄公鸡平均全净膛屠宰率为71%，母鸡为69%。

（2）产蛋性能与繁殖性能 母鸡平均开产日龄为165天。平均年产蛋190枚，高者达250枚。平均蛋重为45g。平均蛋形指数为1.32。蛋壳为浅褐色。公鸡性成熟期为150～180天。公母鸡配种比例为1:(12～15)。平均种蛋受精率为90%，平均受精蛋孵化率为90%。母鸡就巢性弱，就巢率为3%～5%。公母鸡利用年限为1～2年。

五 湖北红鸡

1. 产地与分布

湖北红鸡（彩图19）属蛋用型品种。主产于湖北省武汉市、江汉平原、鄂东南大别山区、鄂西北、恩施土家族苗族自治州，湖北省内70%的市、县都饲养有湖北红鸡，其中以江汉平原数量最多。

2. 外貌特征

体型中等，被毛紧凑。喙呈黄棕色。羽毛呈深红色。皮肤呈浅黄色。单冠。胫、趾呈黄色。

3. 品种性能

（1）生长速度 平均体重：初生为45g；28日龄为370g；56日龄为800g；98日龄为1460g；126日龄为1890g；154日龄为2300g；成年公鸡为2250g，母鸡为1700g。

（2）产蛋性能与繁殖性能 母鸡平均开产日龄为165天（50%产蛋率），平均年产蛋275枚（Ⅰ系）、256枚（Ⅲ系）。平均蛋重为58g（Ⅰ系）、60g（Ⅲ系）。配套生产的商品鸡平均年产蛋291枚，料蛋比为2.55:1。蛋壳呈深褐色。平均种蛋受精率为82%，平均受精蛋孵化率为88%。公母鸡利用年限为1～2年。

六 拉萨白鸡

1. 产地与分布

拉萨白鸡（彩图20）属蛋用型品种。主产于西藏自治区拉萨市郊，拉萨市辖七县一区及日喀则、山南等地也有分布。

2. 外貌特征

（1）羽色 全身羽毛洁白纯净，紧贴身体。

（2）体型外貌 体型小而紧凑，结构匀称，呈“U”字形。头部清秀，公鸡单冠，直立，为红色；耳叶为白色，喙为浅黄色。

（3）冠 母鸡单冠，分直立与倒冠两种。

（4）皮肤、胫 皮肤、胫呈浅黄色。

3. 品种性能

（1）生长速度与产肉性能 平均体重：初生为33g；42日龄公鸡为269g，母鸡为253g；140日龄公鸡为1061g，母鸡为998g；300日龄公鸡为1453g，母鸡为1191g；500日龄公鸡为1736g，母鸡为1236g。成年公鸡平均半净膛屠宰率为87.22%，母鸡为86.81%；成年公鸡平均全净膛屠宰率为73.16%，母鸡为73.75%。

（2）产蛋性能与繁殖性能 母鸡平均开产日龄为190天。平均年产蛋196枚，平均蛋重为48g。公鸡性成熟期为120~150天。公母鸡配种比例为1∶（8~10）。平均种蛋受精率为92%，平均受精蛋孵化率为72%。公母鸡利用年限为1~2年。

第三章 蛋鸡养殖场的建设

第一节 蛋鸡养殖场的选址、布局及蛋鸡舍的建筑与类型

一 场址的选择

1. 法律、法规、标准要求

此部分是进行蛋鸡场选址的首要考虑问题，一方面包括国家和地方的法律法规的硬性规定；另一方面包含国家或地方推荐标准，有助于防止蛋鸡场发生大规模高致病性疫病，导致毁灭性打击。

（1）硬性要求 《中华人民共和国畜牧法》（2006）第四章第四十条规定，禁止在下列区域内建设畜禽养殖场、养殖小区：生活饮用水的水源保护区；风景名胜区，以及自然保护区的核心区和缓冲区；城镇居民区、文化教育科学研究区等人口集中区域。

（2）防疫要求 《动物防疫条件审查办法》（中华人民共和国农业部令2010年第7号）规定，动物饲养场、养殖小区选址应当符合下列条件：

1）距离生活饮用水源地、动物屠宰加工场所、动物和动物产品集贸市场500m以上；距离种畜禽场1 000m以上；距离动物诊疗场所200m以上；动物饲养场（养殖小区）之间距离不少于500m。

2）距离动物隔离场所、无害化处理场所3000m以上。

3）距离城镇居民区、文化教育科研等人口集中区域及公路、铁路等主要交通干线500m以上。

（3）其他要求 国家标准《农产品安全质量　无公害畜禽肉产地环境要求》(GB/T 18407.3—2001)、中华人民共和国国家环境保护标准《畜禽养殖业污染治理工程技术规范》(HJ 497—2009) 中也有许多相关生物安全的要求，但均在法律要求范围内。各省、直辖市、自治区也根据辖区内的养殖情况和总体规划对畜牧养殖进行了相关法律法规的规定并推荐了相关标准，所以进行蛋鸡场选址前要充分了解相关文件，以防建成场区后需要推翻重建甚至要求重新选址。

2. 自然环境要求

蛋鸡场周围环境在选址建厂后便无法更改，如果选址不合适，可能在以后的生产经营中需要花费大量的成本去改善，所以自然环境是进行蛋鸡场选址的重要一环。

（1）气候调查 主要指与建筑设计有关和造成鸡场小气候的气候气象资料，如气温、风力、风向及灾害性天气的情况。拟建地区常年气象变化包括平均气温，绝对最高、最低气温土壤冻结深度，降雨量与积雪深度，最大风力，常年主导风向，风频率，日照情况等。各地均有民用建筑热工设计规范和标准，在畜舍建筑的热工计算时可以参照使用。气温资料不但在鸡舍热工设计时需要，而且对鸡场防暑、防寒日程安排，及鸡舍朝向防寒与遮阴设施的设置等均有意义。风向、风力、日照情况与鸡舍的建筑方位、朝向、间距、排列次序均有关系。表3-1列出了某地的气候环境，并进行了相应分析。

表3-1　气候环境分析

气候环境	特征数据	分　析
经度	东经117°	
纬度	北纬36°40′	
海拔/m	5～1100	适宜，不会影响鸡肺活量
年最高温度/℃	42.5	基本控温设备可降到适宜范围
年最低温度/℃	－19.7	可以通过防寒措施改善舍内温度
年平均温度/℃	13.8	温度适宜
相对湿度（%）	55～85	基本适宜

（续）

气候环境	特征数据	分　析
无霜期/天	178	适宜
平均降水量/mm	685	供水充分
气候类型	温带	适宜

（2）空气要求　空气质量的好坏，不仅关系到呼吸道疾病的发生与否，而且还关系到其生产性能。如果有大量的有害气体如氨气、二氧化碳和硫化氢等释放出来，就会影响鸡的正常生长、产蛋并引发多种疾病。表 3-2 列出了蛋鸡场的空气质量各指标的最高限量（仅供参考）。

表 3-2　蛋鸡场的空气质量要求

序号	项　目	场区	鸡舍	
			雏鸡	成鸡
1	氨气/（mg/m^3）	5	10	15
2	硫化氢/（mg/m^3）	2	2	10
3	二氧化碳/（mg/m^3）	750	1500	1500
4	可吸入颗粒物①/（标准状态，mg/m^3）	1	4	5
5	总悬浮颗粒物②/（标准状态，mg/m^3）	2	8	8
6	恶臭（稀释倍数）	50	70	70

① 可吸入颗粒物：指悬浮在空气中，能进入人体呼吸系统的直径小于或等于 10μm 的颗粒物。

② 总悬浮颗粒物：指悬浮在大气中不易沉降的所有的颗粒物，包括各种固体微粒，液体微粒等，直径通常在 0.1～100μm 之间。

（3）土壤要求　在选择地址时要详细了解该地区的地质土壤状况，要求场地土壤质量符合国家标准《土壤环境质量标准》（GB 15618—1995）的规定，满足建设工程需要的水文地质和工程地质条件。要求土壤未被传染病或寄生虫病原体污染过，透气性和透水性良好，能保证场地干燥。一般鸡场应建在沙质土或壤土的地带，地下水位在地面以下 1.5～2m 为最好。

（4）水质要求 鸡场用水比较多，每只成年鸡每天的饮水量平均为300mL；在夏季一般鸡场的生活用水及其他用水是鸡饮水量的2~3倍。因此，鸡场必须要有可靠、充足的水源，并且位置适宜，水质良好，便于取用和防护。具体水质要求参照标准《无公害食品—畜禽饮用水水质》(NY 5027—2008)，至少满足两项指标：一是每毫升饮水中细菌总数小于100；二是每升水中大肠杆菌群数少于3。

（5）地形、地势、地质要求 地势要求高燥、平坦，背风向阳，光照充足，通风条件良好，位于居民区及公共建筑群下风向。不能选择山谷、洼地等易受洪涝威胁地段和环境污染严重区。在丘陵山地建场要选择向阳坡，坡度不超过20°。图3-1给出了蛋鸡场的地形、地势选择示意图（仅供参考）。根据国家最新政策，坚守18亿亩（1亩 = 666.67m^2）耕地红线。鼓励选择山地、林地等非农耕地进行鸡场建设，利用地形、地势及自然林木形成天然的隔离带。还要注意地质构造情况，避开断层、滑坡、塌方的地段，也要避开坡底、谷地及风口，以免受山洪和暴风雪的袭击。

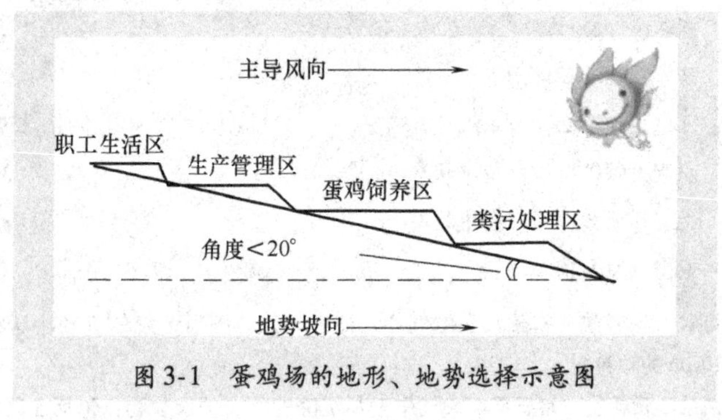

图3-1 蛋鸡场的地形、地势选择示意图

3. 方便和经济要求

（1）水、电、网畅通 最好能够自由取用符合标准的自然水体，如果选用自来水，蛋鸡养殖小区要选用水塔、蓄水池和压力罐储存饮用水；供水能力按每万只鸡日供水15t设计。大型标准化蛋鸡场必须配备发电机，具备可靠的24h电力供应，见图3-2。要求通信方便，场内可安装电话、传真机及信息网络。

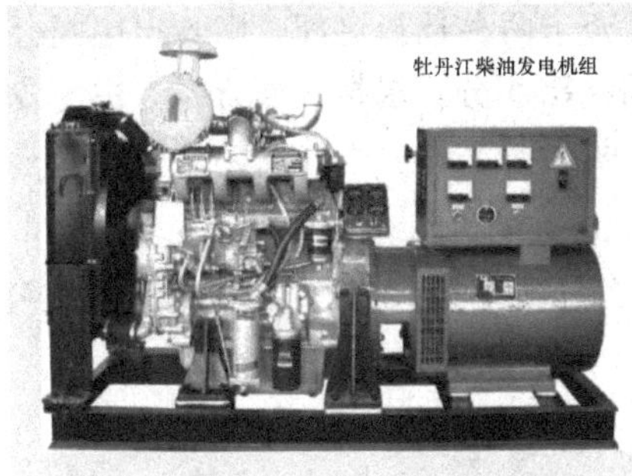

图 3-2　电网畅通

（2）交通方便　雏鸡运输、饲料运输、废弃物处理、鸡蛋运输、淘汰鸡运输等均需要良好的交通，所以要求蛋鸡场交通要便利，应修建专用道路与主要公路相连；场内道路要硬化，拐弯处要设置足够拐弯半径。

（3）其他经济因素　现代化养鸡已经脱离了单纯饲养就地销售的简单模式，要综合考虑周围鸡蛋加工厂需求、考虑废弃物处理能力、周围饲料原料成本、饲料厂距离与当地消费习惯等各种因素。

4. 综合决定选址

在选择场址时，必须考虑的因素有交通、位置、地势、土壤、水电条件等，在实际生产中很难让各种条件同时达到最佳状态。为简单起见，假设鸡场选址要考虑 3 个因素：隔离条件、交通条件和地势条件。同时有 3 种不同方案可供选择，见表 3-3，我们采用加权平均法进行最后决定。

表 3-3　3 种方案考虑因素比较

指　标	隔离条件	交通条件	地势条件
方案 1	较满意	略差	基本满意
方案 2	基本满意	较满意	略差
方案 3	略差	较满意	基本满意

同时作这样的假设，隔离的重要性∶交通的重要性∶地势的重要性 =0.5∶0.3∶0.2。现在对 3 种方案的各项指标进行打分（0 ~ 10 分），分别为最满意 10 分、较满意 8 分、基本满意 6 分、略差 4 分、

较差2分、极差0分。若满意度介于两种选择之间，则给出中间分值，例如在基本满意与略差之间给出5分。根据上面方案，由专业人员打分，最后得分情况见表3-4。

表3-4　3种方案综合评价指标比较

指　标	隔离条件	交通条件	地势条件
权重	0.5	0.3	0.2
方案1	8	4	6
方案2	6	8	4
方案3	4	8	6

现在我们将指标总数计算如下：

$$L_1 = 8 \times 0.5 + 4 \times 0.3 + 6 \times 0.2 = 6.4$$

$$L_2 = 6 \times 0.5 + 8 \times 0.3 + 4 \times 0.2 = 6.2$$

$$L_3 = 4 \times 0.58 \times 0.3 + 6 \times 0.2 = 5.6$$

显然 $L_1 > L_2 > L_3$，故方案1最好，方案2次之，方案3最差。当然实际选择时我们可能需要选择的因素不止以上3个，所以可以利用计算机进行多项综合指标加权分析。

二　鸡场的布局

1. 布局的选择依据

根据主导风向，场区布局应按如下条件依次排序，即首先考虑全进全出，再根据几阶段饲养模式设计，然后要综合考虑风向。

（1）在布局上要考虑全进全出模式　一个场区内推荐饲养同一阶段的鸡群。

（2）饲养模式　可以采用“三阶段饲养”模式，分育雏场、育成场、蛋鸡场；也可以采用“两阶段饲养”模式，分育雏育成场和蛋鸡场。一般来说，育雏场洁净级别最高，相对独立，布局时要排在上风向。

（3）风向　育雏场和育成场在上风向，蛋鸡场在下风向，各场区之间的距离应在3km以上。

2. 从功能分区布局

从便于防疫和组织生产出发，场区可分区布局为生产区、办公区、生活区、辅助生产区、污粪处理区等区域。按主导风向、地势高低及水流方向依次为生活区、办公区、辅助生产区、生产区和污粪处理区，如地势与风向不一致则以主导风向为主。图 3-3 给出了蛋鸡场的分区布局示意图（仅供参考），图 3-4 所示为某鸡场规划图（仅供参考）。

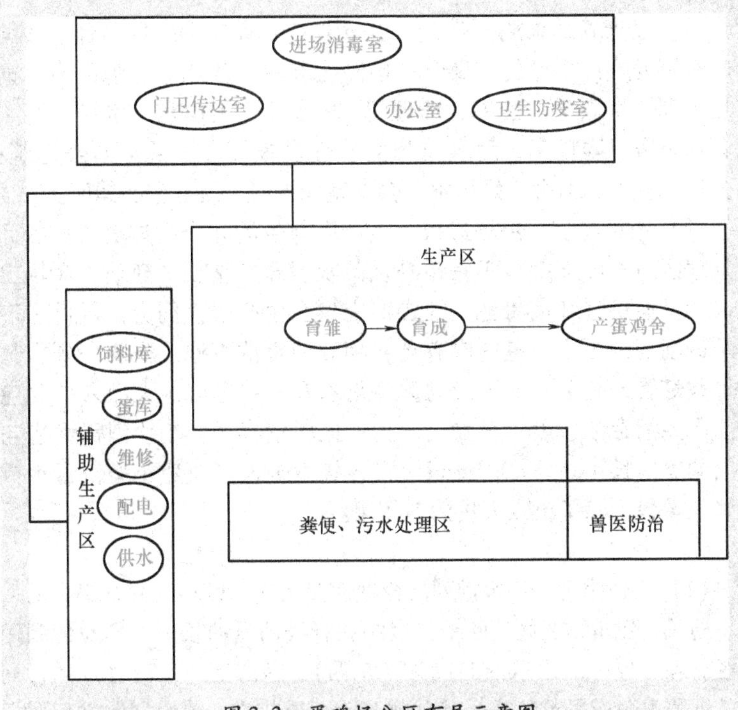

图 3-3　蛋鸡场分区布局示意图

图 3-4　某鸡场规划图

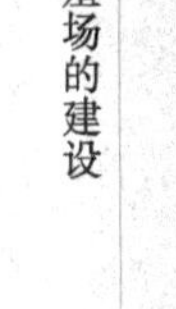

（1）办公区 与生产辅助区相连，有围墙隔开。

（2）生活区 最好自成一体。距办公区和生产区100m以上。

（3）废弃物处理区 应在主风向的下方，与生活区保持较远的距离。

（4）生产建筑设施 生产区：育雏舍、育成舍、蛋鸡舍。辅助生产建筑设施：消毒门、澡堂、兽医化验室、焚烧炉、解剖室、饲料加工间、饲料库、蛋库、修理间、配电室、发电房、水塔、蓄水池、水泵房、物料库、污水及粪便处理设施等。生活与办公建筑：办公室、食堂、宿舍、娱乐室、会议室、大门、门卫室及其他。

（5）连接建筑 鸡场进口、生产区与生活办公区进出口、废弃物处理区与外界连接口等是最易被忽视但非常重要的建筑。鸡场出入口专设消毒室和消毒池。消毒室应建在生产区大门旁，以供生产人员进场消毒更衣。室内应有更衣柜和消毒洗手池，安装一到数只紫外线灯管，有条件的可设立沐浴更衣室。在生产区大门入口处应设立大型消毒池，以供车辆进出生产区时消毒用。车辆消毒池应与大门同宽，长4m、深0.3m以上；各栋鸡舍入口应建小型消毒池或设置消毒毯，以备出入人员消毒使用。

3. 鸡舍之间布局

（1）鸡舍排列 鸡舍排列的合理性关系到场区小气候、鸡舍的采光、通风、建筑物之间的联系、道路和管线铺设的长短、场地的利用率等。鸡舍群一般采取横向成排（东西）、纵向呈列（南北）的行列式，即各鸡舍应平行整齐呈梳状排列，不能相交。鸡舍群的排列要根据场地形状、鸡舍的数量和每幢鸡舍的长度，酌情布置为单列、双列或多列式。传统来说，生产区最好按方形或近似方形布置，应尽量避免狭长形布置，以避免饲料、粪污运输距离加大，饲养管理工作联系不便，道路、管线加长，建场投资增加。但是近年来随着蛋鸡场喂料塔等自动化设备的应用，再加上狭长布局有利于减少污道在场区中央的机会，所以也有许多打破常规、采用狭长布局的成功案例。

在选取山地、林地等非平坦开阔地建设蛋鸡场时，鸡舍群按标准的行列式排列与地形地势、气候条件、鸡舍朝向选择往往发生矛盾，此时可将鸡舍左右错开、上下错开排列，但要注意平行的原则，避免各鸡舍相互交错。当鸡舍长轴必须与夏季主风向垂直时，上风向鸡舍与下风向鸡舍应左右错开呈“品”字形排列，这就等于加大了鸡舍间距，有利于鸡舍的通风；若鸡舍长轴与夏季主风方向所成角度较小，则左右列应前后错开，即顺气流方向逐列后错一定距离，有利于通风，图 3-5 所示为某标准化蛋鸡场图。

图 3-5　标准化蛋鸡场图

（2）鸡舍的朝向　鸡舍的朝向要由地理位置、气候环境等来确定。适宜的朝向应满足鸡舍日照、温度和通风的要求。由于我国处于北纬 20°～50°之间，鸡舍应采取南向或稍偏西南或偏东南为宜，冬季利于防寒保温，而夏季利于防暑。具体来说，北京市地处北纬 40°，从太阳辐射热方面选择鸡舍的朝向，以南向为主，可向东或向西偏 45°，以南偏东 45°朝向为最佳。上海市地处北纬 31°，以正南方向的鸡舍朝向最为有利。广州在北纬 23°，应避开东向和西向。

因为冬季主导风向对鸡舍迎风面会造成很大压力，所以与鸡舍长轴平行的墙壁应避开冬季主导风向，选择大于风向角 45°的朝向为宜。根据各个地区的太阳辐射和主导风向两个主要因素加以选择确定，北京最佳朝向以南偏西 30°～45°为最佳，广州、上海稍偏南（0°～15°）为最佳。综合太阳辐射和主导风向，3 个代表地区的适宜朝向如图 3-6 所示。

（3）鸡舍间距　鸡舍间距受多种要求的制约，见表 3-5。鸡舍建筑材料一般耐火等级为二级或三级，间距 8～10m 即可满足防火要求。一般防疫要求的间距应是舍高的 3～5 倍。从日照角度考虑，间距与养殖场所在地有关，一般控制在 1.5～3.7 倍之间。光照与所在地经纬度直接相关，可参考表 3-5 列举的地区计算符合当地条件的

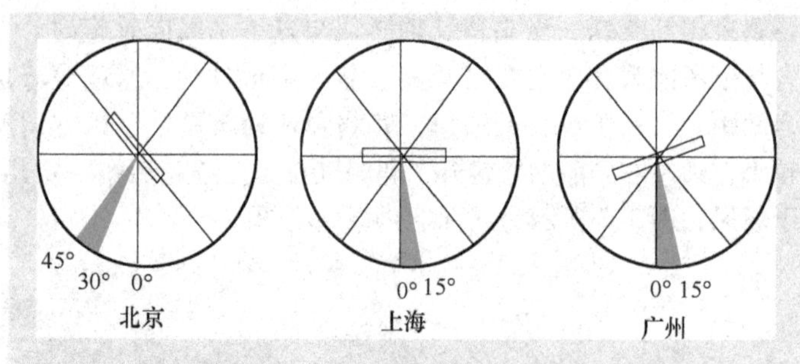

图 3-6 综合太阳辐射和主导风向后的适宜朝向

间距。鸡舍间距取舍高的 3 ~5 倍时，可满足下风向鸡舍的通风需要。总之，鸡舍间距达到鸡舍高度的 3 ~ 5 倍时就可满足防疫、日照、通风、消防等要求。

表 3-5 鸡舍间距的具体要求

要求明细	具体情况	要求间距
防疫要求	开放式	5H
	密闭式	3H
日照要求	北京	2.5H
	齐齐哈尔	3.7H
	南京	1.5 ~ 2H
通风要求	自然通风	4 ~5H
	横向机械通风	>3H
	纵向机械通风	1 ~1.5H
消防要求	材料为二（或三）耐火等级	8 ~10m

注：H 为鸡舍高度。

4. 道路及管线铺设

道路是场区之间、建筑物与设施、场内与场外联系的纽带。场内道路应把净道与污道分开（图 3-7），互不交叉，出入口分开。净道是饲料和产品的运输通道，污道为运输粪便、死鸡、淘汰鸡、臭蛋及废弃设备的专用道。为了保证净道不受污染，道路可按梳状布置，道路末端只通鸡舍，不能与污道贯通。净道与污道以沟渠或林带相隔。在保证鸡舍适宜间隔的前提下，各建筑物排列要紧凑、以缩短筑路、给排水管道和架设电线的距离，减少建设投资。

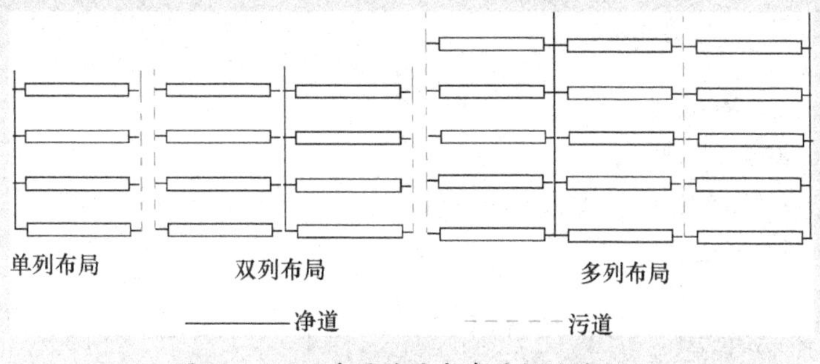

图 3-7　不同布局均要求净道与污道分开

5. 绿化要求

鸡场周围最好有大量的种植业作为天然绿化带，既有助于维持鸡场小环境，又能够方便养殖废弃物处理。否则应该自己进行绿化，种植低矮的牧草，如白三叶等，利用植物的光合作用吸收二氧化碳，释放氧气。试验表明，进行绿化后夏季可降低环境温度 10%~20%，减轻热辐射 80%，降低细菌含量 20%~80%，除尘 35%~65%，除臭 50%，减少有毒有害气体 25%，调节鸡舍的小气候。场内不宜种植高大的树木（蛋鸡场内部绿化实例如图 3-8 所示），以防止招来大量飞禽和昆虫，避免其带来传染源。如果养殖场外的空地面积较大，可以种植树木，以减少风力，具体间距参数可参考表 3-6。

图 3-8　蛋鸡场内部绿化实例

表 3-6　植物与建筑物、构筑物的水平间距

名　　称	最小间距/m	
	至乔木[①]中心	至灌木[②]中心
有窗建筑物外墙	3.0	1.5
无窗建筑物外墙	2.0	1.5
道路侧面外缘，挡土墙脚、陡坡	1.0	0.5
人行道	0.75	0.5
2m 以下的围墙	1.0	0.75
排水明沟边缘	1.0	0.5

① 乔木：有一个直立主干、且高达6m 以上的木本植物，比如木棉、松树、玉兰、白桦。

② 灌木：今指植株矮小，靠近地面、枝条丛生而无明显主干的木本植物，如玫瑰、龙船花、映山红。

三　蛋鸡舍的建筑与类型

1. 蛋鸡舍的建筑要求

（1）长宽高选择　鸡舍建筑的长宽高决定了占地面积、饲养密度、通风环境、生产操作等多种因素，所以要根据情况综合考虑，具体选择依据如图 3-9 所示。

（2）材料要求　对建筑材料总的要求是：导热系数小，蓄热系数大，容重小，具有较好的防火和抗冻性，吸水吸湿性强，透水性小，耐水性强，具有一定的强度、硬度、韧性和耐磨性。

绝缘是墙体和天花板的重要特征。在家禽的生长过程中会产生不同数量的热能，这些热能是饲料能量代谢产物的一种。需要把这些热量的一部分保留在禽舍里用以维持最佳的环境温度和减少给禽舍加热的燃料消耗。如果禽舍的绝缘性能很好，由家禽产生的大部分热能就能保留在房子里，这样就可以通过通风系统利用这部分热能来获得符合要求的温度。大部分墙壁和屋顶都必须采用隔热材料或装置，这对于开放型和封闭型鸡舍都必不可少。围护结构热阻参数值见表 3-7。每种类型的墙或屋顶材料都有一定的热阻值，因此，根据所用各种材料的热阻值就可求出墙壁或屋顶的总热阻值，见表 3-8。

- 应从投资、保温效果、纵向通风、设备安装、是否利于人员操作、习惯等角度综合考虑。
- 当高度过高时，投资增加、鸡舍表面积大，不利于纵向通风；当高度过低时，安装设备后，不利于人员操作。
- 宽度不大、平养及不太热的地区，鸡舍不必太高，一般从地面到屋檐口的高度为2.5m左右即可。

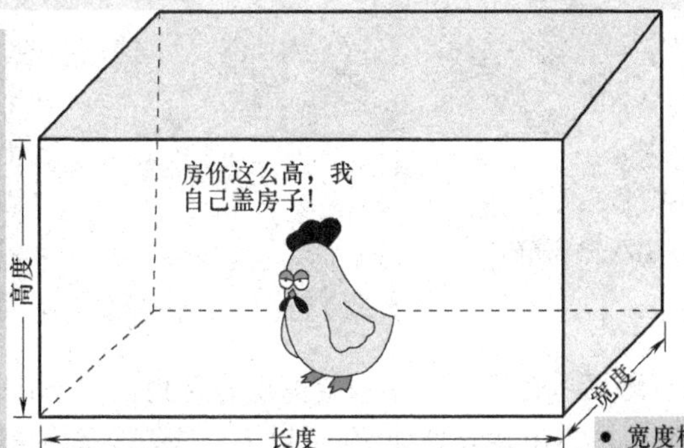

- 纵向通风时，沿鸡舍纵向两侧的温差不应该超过3℃，由此确定鸡舍不宜超过120m。
- 宽度6~10m的鸡舍，长度一般为30~60m，宽度较大的鸡舍如12m，长度一般为70~80m。
- 机械化程度较高的鸡舍可长一些，但不能超过120m，否则机械设备的制作与安装难度较大，材料不易解决。

- 宽度根据鸡舍屋顶形式、鸡舍类型和饲养方式调整。
- 一般开放式鸡舍为6~10m，密闭式鸡舍为12~15m。
- 横向通风时，从进风窗进入鸡舍的冷空气(风速不小于3m/s)能够射到鸡舍上部中央区域。

图 3-9　鸡舍长宽高的选择依据

表 3-7　围护结构热阻参数值

气 候 类 型	屋顶热阻值	墙壁热阻值
炎热	4	2
温和	8	2.5
寒冷	12 ~ 14	8 ~ 10

表 3-8　不同建筑材料的热阻值（厚度均以 2.5cm 计）

绝热材料种类	热　阻　值
木材纤维板	4.00
模制多孔聚苯乙烯（模压板）	3.50
压制多孔聚苯乙烯（泡沫苯乙烯）	5.00
玻璃纤维	3.70
氨基甲酸乙酯泡沫	6.60

（续）

绝热材料种类	热 阻 值
岩棉（原材）	3.33
岩棉（板材）	3.33
玻璃纤维板	3.33
锯末或刨花（干燥的）	2.22
稻草	1.75

（3）地面 舍内地面一般要高出舍外地面30cm，潮湿或地下水位高的地区应高出舍外地面50cm以上。表面坚固无缝隙，多采用混凝土铺平，虽造价较高，但便于清洗消毒，还能防潮，保持鸡舍干燥。笼养蛋鸡舍地面一般应设有浅粪沟，比地面深15～20cm。

（4）门 门的位置、数量、大小应根据鸡群的特点、饲养方式、饲养设备的使用等因素而定。鸡舍的门宽应考虑所有设施和工作车辆都能顺利进出为度。一般单扇门高2m，宽1m；双扇门高2m、宽16m。为了便于小推车进出，门前可不留门槛。有条件的可安装弹簧推拉门，最好能自动保持在关闭的位置。

（5）窗 在设计时应考虑到采光系数，成年鸡舍的采光系数一般应为1:(10～12)，雏鸡舍则应为1:(7～9)。寒冷地区的鸡舍在基本满足采光和夏季通风要求的前提下窗户的数量应尽量少，窗户也应尽量小。大型工厂化养鸡常采用封闭式鸡舍即无窗鸡舍，舍内的通风换气和采光照明完全由人工控制，但需要设一些应急窗，在发生意外，如停电、风机故障或失火时应急使用。目前我国比较流行的简易节能开放性鸡舍，在鸡舍的南北墙上设有大型多功能玻璃钢通风窗，形若一面可以开关的半透明墙体，这种窗具备了墙和窗的双重功能。鸡舍的窗户要考虑到采光和通风，一般不应低于鸡舍面积的1/6。在南北墙的下部一般应留有通风窗，尺寸为30cm×30cm，并在内侧蒙上铁丝网和设有外开的小门，以防禽兽入侵和便于冬季关闭。常见蛋鸡舍窗户的设置如图3-10所示。

（6）屋顶 形式主要有单坡式、双坡式、平顶式、钟楼式、半钟楼式、拱顶式等。单坡式一般用于宽度4～6m的鸡舍，双坡式一般用于宽度8～9m的鸡舍，钟楼式和天窗式屋顶较少采用。屋顶除

图 3-10　常见蛋鸡舍窗户的设置

要求不透水、不透风、有一定的承重能力外，对保温隔热要求更高。天棚必须具备保温、隔热、不透水、不透气、坚固、耐久、防潮、光滑，结构严密、轻便、简单且造价便宜等要求。在气温高、雨量大的地区屋顶坡度要大一些，屋顶两侧加长房檐。屋顶最好设顶棚，其上放一层稻壳或干草以增加隔热性能。

（7）防鼠防鸟设计　老鼠偷食饲料，会造成鸡群应激，导致蛋鸡产蛋量下降，所以蛋鸡场防鼠设计非常必要，常见设计如图 3-11 所示。鸟类与鸡属于同源，容易发生疫病传播，所以大型标准化养殖场一定要重视防鸟网的设计，杜绝鸟类与蛋鸡的直接接触。

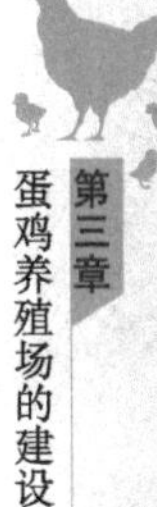

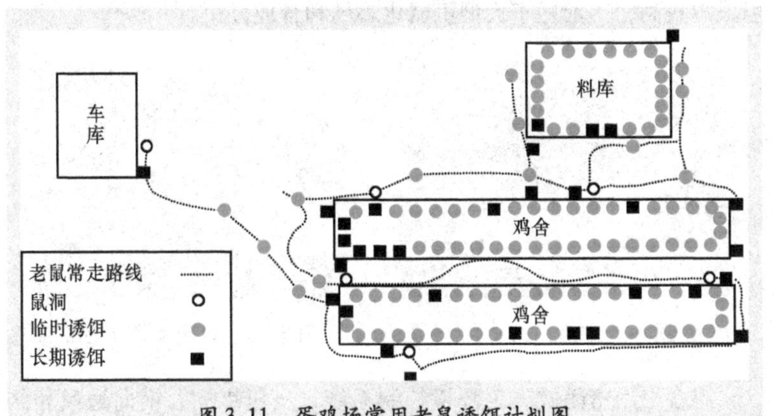

图 3-11　蛋鸡场常用老鼠诱饵计划图

2. 鸡舍类型的选择

（1）开放式鸡舍（图3-12）这种鸡舍适用于广大农村地区，我国大部分养鸡场尤其是农村养鸡户均采用此种鸡舍。开放式鸡舍是采用自然通风和自然光照＋人工光照的鸡舍，鸡舍内温度、湿度、光照、通风等环境因素控制得好坏，取决于鸡舍设计、鸡舍建筑结构的合理程度。同时鸡舍内养鸡的品种、数量的多少、笼具的安放方式（如阶梯式、平置式、叠放式或平养）等均会影响舍内通风效果，温度、湿度及有害气体的控制等。因此在设计开放式鸡舍时要充分考虑以上因素。

图3-12 开放式鸡舍

（2）封闭式鸡舍（图3-13） 这种鸡舍因建筑成本昂贵，要求能24h提供电力等能源，技术条件也要求较高，故我国农村鸡场及一般专业户都不采用此种鸡舍。封闭式鸡舍无窗、完全封闭，但侧壁应设应急侧窗（图3-14），顶盖和四周墙壁隔热性能良好，舍内通风、光照、温度和湿度等都靠人工通过机械设备进行控制。这种鸡舍能给鸡群提供适宜的生长环境，鸡群成活率高，可较大密度饲养，但成本较高，一般适于大型机械化鸡场和育成公司。

图3-13 封闭式鸡舍

图3-14 封闭式鸡舍侧窗

鸡舍采用密闭式人工环境控制系统，负压纵向、横向通风相结合，保证舍内空气新鲜流通，温度和湿度符合鸡只生理生长需要。

鸡舍四周墙体及房顶、地面采用保温隔热材料。暖风炉供暖。有自动行车供料，保证鸡只均匀采食，以减轻人工劳动强度，有自动出粪系统，以减少空气污染，减轻人工劳动强度。采用全进全出的饲养管理及完善的消毒设施，有效杜绝外来病原的侵入。夏季采用水帘降温，保证生产效率。

（3）半开放型鸡舍（图3-15） 此类鸡舍为利用自然环境因素的节能型鸡舍建筑，鸡舍侧壁上半部全部敞开，以半透明双覆膜塑料编织布做的双层卷帘或双层玻璃钢多功能通风窗为南北两侧壁的围护结构，依靠自然通风、自然光照，利用太阳能、鸡群体热和棚架蔓藤植物遮阴等自然环境条件，不设风机、不采暖，以塑料编织卷帘或双层玻璃钢两用通风窗，通过卷帘机或开窗机控制气缝开度组织通风换气。通过长出檐的亭檐效应和地窗扫地风及上下通风带组织对流，增强通风效果，降低鸡群温度。通过内外两层卷帘或双层窗的温室效应和隔热作用，达到冬季增温和保温效果。鸡舍采用轻钢结构复合保温板装配。

图3-15 半开放型鸡舍

这种鸡舍适用性很强，各品种、各生长阶段均适应。利用横向自然通风方式，是可以满足鸡舍环境要求的。如再加大跨度，则需要配合机械通风。鸡舍环境工程设施应有长出檐、排气缝、防风扣门、防风卡楼、双层卷帘及卷帘机配套系统等。冬季关严卷帘或门窗，尽量避免缝隙冷风渗透以利保温。夏季门窗、卷帘全部打开，地窗打开，这样在上部可形成较宽的通风带，下部地窗可形成“扫地风”，加速了舍内空气的流动，降低鸡的体感温度。早春和晚秋时，早、晚关闭或半闭，其他时间打开，便于组织自然通风。

（4）开放-封闭兼用型鸡舍 多采用轻钢龙骨架拱形结构，选用聚苯板及无纺布为基本材料，经防水强化处理后的复合保温板材作屋面与侧墙材料（图3-16）。这种材料隔热保温性能极强，导热系数

仅为0.033~0.037，是一般砖墙的1/15，既能有效地阻隔夏季太阳能的热辐射，又能在冬季减少舍内热量的散失。两侧为窗式通风带，窗仍采用复合保温板材。当窗完全关闭时，舍内完全封闭，可以使用湿垫降温、纵向通风或暖风炉设备控制舍内环境；当窗同时掀起时，舍内成凉棚状，与外界形成对流通风环境，南北侧可以横向自然通风，自然采光，节约能源与费用，具有开放式鸡舍的特点。由于复合聚苯板质轻、价廉、耐腐蚀、保温性能好，因而可降低投资造价，降低了鸡的饲养成本，增强了鸡场竞争力。通风、温度、照明皆可利用外界的自然能源。

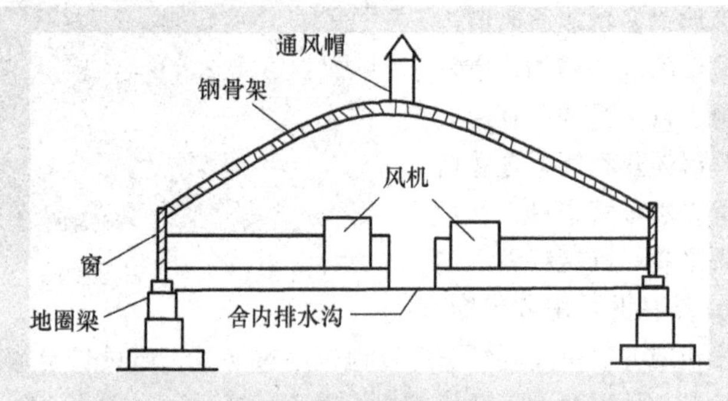

图3-16　轻型钢屋架聚苯板屋顶和墙面围护结构组成的蛋鸡舍

（5）其他形式鸡舍

1）地下鸡舍：河北省馆陶县某农民建设了4000只规模的地下养殖场，鸡舍总面积322m²，长46m、宽7m、深4m，经过一年多的试验，效果十分明显，效益非常可观。两个鸡舍只需要3面墙，而地上的鸡舍却需要4面墙，由于近两年人工、沙子、砖等费用增加了，现在建1m²约合350元，1m²大约能养12~13只鸡，4000只鸡大约需要半亩多地，建筑费用大约为12万元。在两个鸡舍之间设计了一条通风道，风道呈一个倒下的“U”字形，分上下两层，风从上面的进风口进来，再从下面返回来，然后再进入两边的鸡舍。在鸡舍的上面垒了50cm的夹层，空气得到合理的分配。通风好了，也不用担心潮湿的问题了。在进风口安装了臭氧发生器进行空气净化，这样既达到了瞬间消毒的效果，又节省了电。靠人工补光来满足蛋鸡对光照的需求。人工调整光线的强弱与开关时间，鸡的产蛋环境稳定，不容易出现啄癖，减少鸡的伤亡。配备一台小型发电机，停电时备用。

地下鸡舍可以减少鸡的应激，减少软蛋和沙皮蛋的产生。地下鸡舍冬暖夏凉，地下鸡舍在冬天的时候能够保持在18℃，夏天温度是25～26℃，即使在地面上温度高达37℃的时候地下也超不过28℃，越稳定的环境对鸡的生产越有利。由于减少了鸡的应激现象以及隔绝了恶劣的养殖大环境，鸡场除了和以前一样防疫外，明显的变化就是鸡病少了，用药少了，自然而然鸡体内的药物残留也就少了。由于环境稳定，在天冷的时候不需要多吃饲料来维持身体的能量，以前一只鸡一天需摄入125g饲料，现在只需要115g。另外鸡的产蛋周期也增加了，一年一只鸡能多产5～9枚蛋。同时节省了土地，它包括两方面：一般的地上鸡舍每栋的间隔距离是两栋鸡舍的距离，而地下鸡舍就不用间隔了，节省了大量的土地；另一方面就是地上部分，可以种小麦或者建大棚等。

2）组装式多层鸡舍：材料科学的发展，促进了装配式鸡舍保温复合板材的发展。组装式鸡舍采用预制构件，重量轻，结构牢固，因而施工简便、快速。一些公司从国外引进的鸡舍，采用轻钢屋架，屋面采用机械压制的镀锌瓦，屋顶吊装顶棚，并铺设保温隔热材料。上层底板为五合板，同时作为下一层的天花板，墙体由保温复合材料组成，保温性能良好。这种鸡舍目前从国外进口的价格较高，在中国推广仍有一些困难，必须实行国产化，降低价格，才能为广大用户所接受。

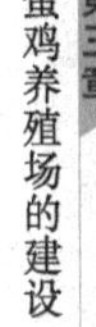

第二节 蛋鸡生产的设施与设备

一 环境控制设施

1. 鸡舍通风设备

（1）轴流风机（图3-17） 风机主要由外壳、叶片和电动机组成，叶片直接安装在电动机的转轴上。轴流风机风向与轴平行，具有风量大、耗能少、噪声低、结构简单、安装维修方便、运行可靠等特点，而且叶片可以逆转，以改变输送气流的方向，而风量和风压不变，因此既可用于送风，也可用于排风，但风压衰减较快。其优点是适用于低压、大风量的情况，其比速度较大，运转速度高，故可不必经过传动，与马达驱动轴直接连接，因此结构较轻巧，运转效率也较高。

（2）离心风机（图3-18） 主要由蜗牛形外壳、工作轮和机座组成。其优点是适用于高压、小风量之状况，其比速度相对较小，压力上升有一定的极限，故无需安全阀的设置；适用于风量范围变动大的场合，操作上较为安全；噪音度较低。其缺点是运转速度较低，故必须以皮带进行变速驱动；体积较为庞大，其进风与送风之方向垂直；在配置上，系统风管需要较妥当的配合，无法逆向送风；价格较贵。

图3-17 轴流风机

图3-18 离心风机

【提示】 轴流风机和离心风机的主要区别在于：前者不改变风管内介质的流向，而离心风机改了风管内介质的流向；相对于离心风机，轴流风机安装简单；前者电动机一般在风机内，而后者电动机与风机一般是通过轴连接的。

2. 控温设施

（1）采暖设施 鸡舍的采暖分集中采暖和局部采暖两种方式。集中采暖指由一个集中的热源（锅炉房或其他热源），将热水、蒸汽或预热后的空气，通过管道输送到舍内或舍内的散热器。局部采暖则由火炉（包括火墙、地龙等）、电热器、保温伞、红外线灯等就地产生热能，供给一个或几个鸡舍。

1）水暖系统（图3-19）。以水为热媒，经锅炉加温加压之热水，通过管道循环，输送到舍内的散热器，为鸡舍提供所需温度。铸铁柱形散热器，因其传热系数大，散热效果好，且不易集灰，故在鸡舍应用较多。为使舍内温度分布均匀，散热器应均匀布置在舍内，每组的片数不宜过多。

图3-19　水暖系统

2）热风采暖。利用热源将空气加热，通过管道将加热后的空气送入鸡舍。热风采暖系统通常由热源和送风管道构成。热源有电热、燃油和燃气等种类。

3）红外线灯（图3-20）。利用红外线灯泡散发出的热量育雏，简单易行，被广泛使用。红外线灯的高度为45～60cm，红外线灯下鸡背高处的温度比周围温度高2～3℃，可通过调节红外线灯的高度调节下部的温度。如大部分出壳约12h的雏鸡所需的适宜温度为33℃，红外线灯下最高温度应为36℃。每1000只雏鸡大约需要5～6个红外线灯。一般1周后，雏鸡对温度的适应范围宽些，这时为了节约用电，可关闭红外线灯。

红外线灯育雏的优点：设备简单，使用和安装方便，保温稳定，育雏室内容易保持清洁、地面垫料干燥，雏鸡易自选所需要的温度，通常育雏效果良好。缺点：耗电量大，需要人工调节温度，灯泡易损耗；成本较高，料槽和水槽不能放在灯泡下，否则灯泡很容易损坏。

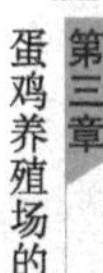

4）育雏伞（图3-21）。育雏伞分为两类，一是电热育雏伞，另一种是燃气育雏伞。这两种都是雏鸡育雏期所用的保温伞，适用于平面饲养育雏。

① 电热育雏伞。伞内装有电热丝、调温设备等，可随雏鸡日龄所需的温度进行调节。育雏鸡数，按育雏器面积大小而定，一般为300～500只雏鸡。

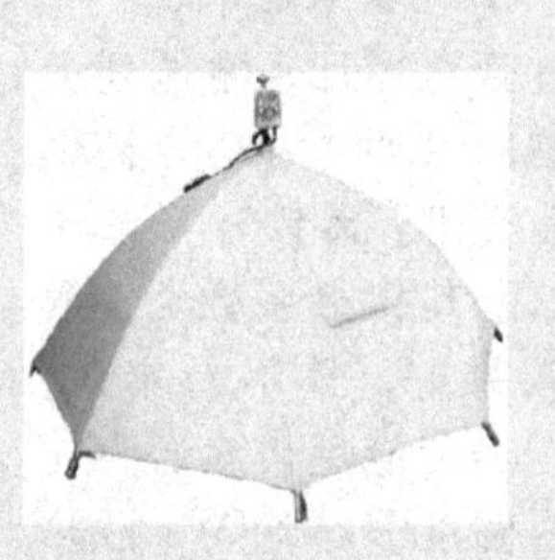

图 3-20　红外线灯　　　　图 3-21　育雏伞

② 燃气育雏伞。用液化石油气为热源，制成燃气育雏伞，伞内有温度自控装置。当温度高时，控制器调整一根管子通气，燃烧一圈炉盘，使温度降低；当温度低时，两根管子通气，燃烧两圈炉盘可使温度上升。燃气育雏伞升温快，保温效果好，育雏率高。据介绍，直径为2.1~2.4m的燃气育雏伞，可容纳700~1000只雏鸡。

伞的形状也多种多样，有方形、多角形和圆形等数种。伞内设热源、温度调节器、温度计和照明灯等，结构简单、操作方便，保温性能好，育雏效果佳，是国内外鸡场普遍采用的育雏形式。但是育雏伞仅适合平养鸡舍。将育雏伞挂在场地的居中位置，高度在1.8~2.0m之间，也可根据实际情况自行调节高度，育雏伞安装数量应根据场地大小及所需温度而定。

【提示】红外线灯、育雏伞为局部采暖设施，育雏期应用较多。

（2）降温设施　适合鸡舍采用的经济有效的降温措施是蒸发降温，即利用水蒸发时吸收汽化热的原理来降低空气温度或增加禽体的散热。蒸发降温在干热地区使用效果更好，在湿热地区效果有限。鸡场常用的蒸发降温设施有湿帘风机降温系统和喷雾降温系统。

1）湿帘风机降温系统（图3-22）。目前国内使用比较多的是纸质湿帘，是由波状纹的纤维纸黏结而成的。材料中添加了特种化学

成分，因而具有耐腐蚀性、使用寿命长、通风阻力小、蒸发降温效率高、承受较高的过流风速、安装方便、便于维护等特点。特别是疏水湿帘能确保水均匀地淋湿整个降温湿帘墙，从而保证与空气接触的湿帘表面完全湿透。安装在另一端的排风机使舍内形成负压区，这样舍外空气将穿透湿帘而被吸入舍内，从而起到鸡舍降温的作用。此外，湿帘还能够净化进入鸡舍的空气。湿帘风机降温系统是目前最成熟的蒸发降温系统。

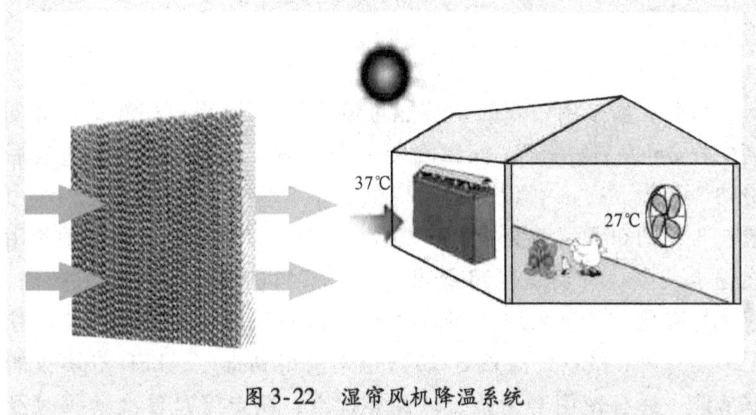

图 3-22 湿帘风机降温系统

【提示】 湿帘的厚度以 100～200mm 为宜，干燥地区应选择较厚的湿帘，潮湿地区所用湿帘不宜过厚。

2）喷雾降温系统。常用的喷雾降温系统（图 3-23）主要由水箱、水泵、过滤器、喷头、管路及控制装置组成，该系统设备简单，效果显著，但易导致舍内湿度提高。喷雾降温是使用高压水泵通过喷头将水喷成直径小于 100μm 的雾滴，雾滴在空气中迅速汽化而吸收舍内热量使舍温降低。若将喷雾装置设置在负压通风鸡舍的进风口处，雾滴的喷出方向与进气气流相对，雾滴在下落时受气流的带动而降落缓慢，延长了雾滴的汽化时间，提高了降温效果。喷头行距和行数可根据鸡舍的跨度和长度设置，喷雾时间长短和次数多少，可根据当天的温度高度灵活掌握。

图 3-23　常用的喷雾降温系统

3. 光照设备

目前一般采用白炽灯、节能灯或 LED 灯照明，灯泡距地面的高度在 2m 左右，每 3m 间距安装一个灯泡。光照强度应在进雏后最初 3 天为 $6W/m^2$，以后逐步降低到 $1.5W/m^2$。灯泡的大小可由最初 3 天的 60W，改为 40W、25W、15W。最近几年白炽灯的使用在逐步减少，特别是新建蛋鸡场。而节省能源的呼声越来越高，很多标准化养殖场采取节能灯（图 3-24）取得了良好的效果。除了节能灯外，LED 灯（图 3-25）也逐渐得到推广，LED 灯不仅能够节能，还有使用寿命长、环保等优点，缺点就是首次购买时成本较高。

图 3-24　节能灯及采用节能灯照明的蛋鸡舍

图 3-25　LED 灯

【提示】 灯泡数量不宜太少，以免造成光照分布不匀；灯泡上最好加灯罩，灯泡要经常擦拭，以保持合适的亮度；灯泡安装应尽可能固定，防止摇晃。

4. 鸡舍环境自动控制系统

智能环境控制器（图 3-26）通过温度、湿度、压力、二氧化碳传感器等控制通风、加热、降温设备，调节鸡舍的温度、湿度和空气质量，实现鸡舍环境的自动控制。还可以连接脉冲数字水表、饲料称重器、集蛋计数器和体重秤等，随时了解鸡群的饮水和采食量，掌握料蛋比、体增重等重要生产指标。通过控制器的管理软件分析历史记录的各种数据，以图表和曲线等形式直观地呈现生产过程和结果。同时控制器还具备异常和故障报警功能，随时提醒管理者生产中的设备故障和超范围的环境参数。互联网的广泛应用可实现管理软件所有功能的远程控制和监控，同时，通信技术的应用也可实现报警信息的手机提醒功能。

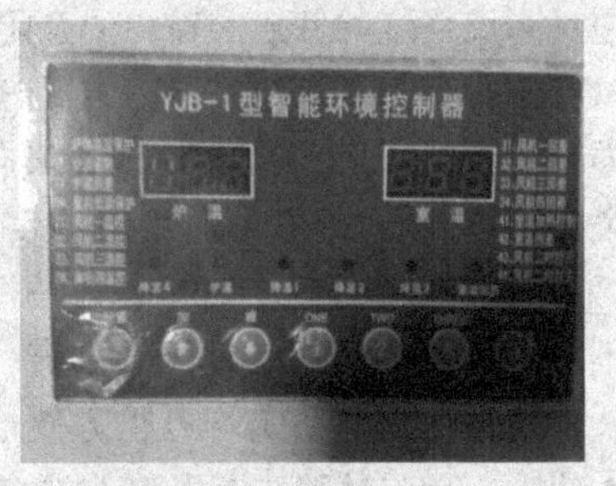

图 3-26　智能环境控制器

由于微机、传感技术及机械传动技术的迅速发展，已经成功地实现了鸡舍内环境、供料供水、体重监测等方面的自动控制。鸡舍的内部及外面安装有许多灵敏的温度和湿度传感器，不断监测舍内

外的温、湿度等环境状况（图 3-27）。

图 3-27　舍内环境控制设备示意图

在炎热的环境中，需要在鸡舍内配置湿帘降温系统。中央控制器通过降温系统的开启、窗户的开闭来控制舍内降温的速度和幅度。微机在进行环境自动控制时，对加热通风和降温系统作综合处理，全面控制。当降温系统起动时，其他通风系统的进风口自动关闭。当舍内温度高于 29℃、而相对湿度低于 75% 时，降温系统开始工作。而在舍内温度超过 24℃、舍外相对湿度低于 40%、舍内相对湿度不足 75% 时，也要起动降温系统，以免舍内湿度过低。

上述自动控制系统均可很方便地转为手工控制，以防微机系统发生故障，造成环境失控。在舍内的环境控制方面，对光照的自动控制是最简单、最普及的。在微机系统中可设计专门的程序对光照时间和强度进行自动控制，也可由单独的光照自动控制器来完成，在我国已有多家单位生产光照自动控制器，广泛应用于成年鸡和后备鸡的饲养管理中。

二　饲养设备

1. 饮水设备

水源是保证蛋鸡养殖场运行最基本的需求，目前规模化蛋鸡场

由于存栏量较多，要求水源稳定，具备紧急条件下的饮水供应能力。因此必须有水泵、水塔等储水、供水设备，水质不达标的地区，需安装水质净化设备，确保饮水安全。为防止乳头堵塞，在鸡舍供水管线上安装过滤器（图3-28），除去水中悬浮杂质，此外最常用的还有饮水器及管道设施等。常用的饮水器类型有：

（1）槽式饮水器 深度一般为50～60mm，上口宽50mm。有V型和U型水槽，V型饮水器通常由镀锌铁皮做成；U型水槽可用塑料做成，呈长方形，挂于鸡笼或围栏之前，易于清洗，防止腐蚀。饮水时要用铁丝网罩住，以防止鸡进入水槽内。缺点是水易受到污染，易传染疾病，耗水量大。

（2）真空饮水器（图3-29） 由聚乙烯塑料筒和水盘组成。筒倒装在盘上，水通过筒壁小孔流入饮水盘，当水将小孔盖住时即停止流出，保持一定水面。适用于雏鸡和平养鸡。自动供水，无溢水现象，供水均衡，使用方便。不适于饮水量较大时使用，每天清洗工作量大。

图3-28 过滤器

图3-29 真空饮水器

（3）乳头式饮水器（图3-30） 由饮水乳头、水管、减压阀或水箱组成，还可以配置加药器。鸡啄水滴时即顶开阀座使水流出。平养和笼养都可以使用。雏鸡可配各种水杯。

（4）吊塔式饮水器（图3-31） 也叫自流式饮水器，由钟形体、滤网、大小弹簧、饮水盘、阀门体等组成。水从阀门体流出，通过钟形体上的水孔流入饮水盘，保持一定水面。适用于大群平养。优点是节约用水，清洗方便不妨碍鸡的活动，工作可靠，不需人工加

水；缺点是需根据鸡群不同生长阶段调整饮水器高度，洗刷费力。主要用于平养鸡舍。

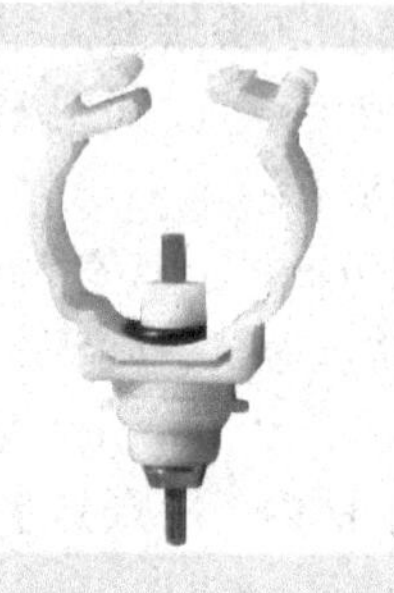
图 3-30 乳头式饮水器

图3-31 吊塔式饮水器

2. 喂料设备

蛋鸡的喂料设备，可分为人工喂料设备和机械喂料设备两大类。在生产中，可根据各场的实际情况选用。

（1）人工喂料设备 人工喂料设备主要有料槽、料车和匀料用具。关键是料槽的设计是否合理关系到饲料浪费的多少。从近几年生产实践观察来看，料槽的高度过矮，饲料浪费比较严重，最好选用外侧有一定高度和坡度的料槽，使饲料的浪费相对较少。

1）料盘（图 3-32 ~ 图 3-34）。由金属或塑料制成。主要由料筒和料盘构成，料盘中间凸起，以利饲料自动流向盘的周围，让鸡自由采食。料桶便于清洗消毒，饲料不易受到鸡粪的污染，饲喂次数比食槽少，饲料浪费少，因此平养育雏早期使用。

图 3-32 普通料盘

图 3-33 置于地面的料盘

图 3-34　固定于料线的料盘

2）长条形食槽（图 3-35）。适用于阶梯式笼养蛋鸡舍，一般采用硬质塑料和镀锌板等材料制作，使用、安装方便，成本低。所有食槽边口都应向内弯曲，以防止鸡采食时将饲料溢出槽外。根据鸡体大小不同，食槽的高度和宽度也要有差别，雏鸡食槽的口宽 10cm 左右，槽高 5～6cm，底宽 5～7cm；大雏或成鸡用的口宽 20cm 左右，槽高 10～15cm，底宽 10～15cm，长度 1～1.5m。该料槽的缺点是：浪费饲料，粉尘较多。

图 3-35　长条形食槽

【提示】 长条形食槽防止鸡啄食时将饲料带出，但应注意料不能添加过多，以不超过食槽深度的一半为宜。

（2）机械喂料设备　喂料机有链式喂料机、绞龙式喂料机、行车式喂料机及料车等。

1）贮料塔（图3-36）。自动喂料的前提是必须先有足够的饲料储存，贮料塔可根据用户要求在外界配置气动方式填料或绞龙加料装置；贮料塔一般在鸡舍一端或侧面接入舍内，用1.5mm厚的镀锌钢板冲压而成，其上部为圆柱形，下部为圆锥形，圆锥与水平面的夹角应大于60°，以利于排料、喂料。自动喂料节省人工和饲料包装费用，减少饲料污染环节，并具有防潮、防霉、防止鼠害等优点。

图3-36　饲料传输与贮料塔

2）绞龙式喂料机（图3-37）。该输料系统运行平稳，能迅速将饲料送至每个料盘中并保证充足的饲料；自动电控箱配备感应器，大大提高了输料准确性；料盘底部容易开合，清洗方便。

图3-37　绞龙式喂料机

3）行车式喂料机。行车式喂料机根据料箱的配置不同可分为跨笼料箱行车式喂料机和顶料箱行车式喂料机（图3-38）。顶料箱行车式喂料机只有一个料桶，设在鸡笼顶部，料箱容积要满足每次该列鸡笼所有鸡的采食量，料箱底部装有搅龙，当驱动部件工作时，搅龙随之转动，将饲料推送出料箱，沿滑管均匀流放食槽。跨笼料箱行车式喂料机根据鸡笼形式有不同的配置，但每列食槽上都跨坐一个矩形小料箱，料箱下部呈斜锥状，锥形扁口坐在食槽中，当驱动部件运转带动跨笼箱沿鸡笼移动时，饲料便沿锥面下滑落放食槽中，完成喂料作业。该系统缺点是：成本高、能耗大，对鸡舍的建筑要求较高。

图 3-38　顶料箱行车式喂料

3. 集蛋设备

层叠式蛋鸡笼养成套设备基本满足了鸡群的生物习性要求（健康和生产），是当前我国同类笼养机械设备中科技含量、机电一体化程度最高的养鸡设备，它代表了我国家禽养殖机械化的发展水平。适用于大型农场大规模蛋鸡养殖。而层叠式笼养所用即为自动集蛋设备（图 3-39），规模化、机械化、信息化的鸡蛋装置是一条从生产鸡舍到鸡蛋成品车间连续作业的流水设备。其中包括鸡蛋的采集（图 3-40）、鸡蛋的分级（图 3-41）、鸡蛋的喷码（图 3-42）及成品鸡蛋的清洗包装等。

图 3-39　自动鸡蛋设备

图 3-40　自动鸡蛋鸡舍

图 3-41　鸡蛋分级

图 3-42　鸡蛋喷码

自动集蛋设备特点：全套使用热浸锌工艺，耐腐蚀，使用寿命可长达 15～20 年；自动喂料、饮水、清粪、捡蛋，集中管理、自动控制、节约能耗、提高劳动生产率，料蛋比低于 2.2kg/kg；饲养密度为 62 只/m^2，高密度饲养节约用地，节省投资。

4. 清粪设备

对于地面垫料平养和网上平养的鸡舍，一般是鸡出栏后将垫料和鸡粪一次性清除，经常采用人工清粪。即人工利用铁锨、铲板、笤帚等将粪收集成堆，人力装车或运走，然后再用水冲刷地面。这种方式简单灵活，但工人工作强度大、环境差，工作效率低，人力成本也不断增加，这种清粪方式亟待被新的方式取代。

此外也可采用机械清粪设备，主要包括：

（1）牵引式刮粪机（图 3-43 和图 3-44）　一般用于网上平养、阶梯式或者半阶梯式鸡笼的清粪，鸡笼架于贮粪沟上方，粪便落在沟内，刮粪机会定时清除沟内粪便。可以用于同一平面一条或多条

图 3-43　牵引式刮粪机

图 3-44　阶梯式鸡笼下设牵引式刮粪机

粪沟的清粪，相邻两粪沟内的刮粪板由钢丝绳相连。该机结构比较简单，维修方便，但钢丝绳易被鸡粪腐蚀而断裂。

（2）传送带清粪（图3-45） 常用于高密度重叠式笼的清粪，粪便经底网空隙直接落于传送带上，可省去承粪板和粪沟。

图3-45 传送带清粪

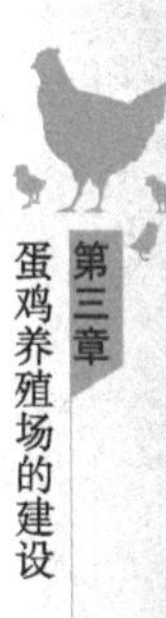

第四章
蛋鸡的营养需要及日粮配制

第一节　蛋鸡饲料种类及营养需要

一　蛋鸡饲料种类

按照国际饲料分类法，饲料可以分为八大类，包括：粗饲料、青绿饲料、青贮饲料、能量饲料、蛋白质饲料、矿物质饲料、维生素饲料和饲料添加剂。其中能量饲料、蛋白质饲料、矿物质饲料、维生素饲料和饲料添加剂是蛋鸡常用的饲料，而矿物质饲料中的微量元素饲料及维生素饲料在实际生产中又通常被划归为饲料添加剂。因此本章重点介绍能量饲料、蛋白质饲料、矿物质饲料（常量矿物质）和饲料添加剂。

【小知识】>>>>

蛋白质饲料：凡饲料干物质中粗蛋白质含量超过20%、粗纤维低于18%的饲料均属蛋白质饲料。

能量饲料：凡饲料干物质中粗蛋白质含量低于20%、粗纤维低于18%的饲料均属能量饲料。

矿物质饲料：指可供饲用的天然矿物及工业合成的无机盐类。

（一）能量饲料

1. 玉米

玉米（图4-1）是蛋鸡最主要的饲料之一，代谢能在植物性饲料中最高，缺点是蛋白质含量低，且品质较差，钙、磷和B族维生素（维生素B_1除外）含量亦少，但是黄玉米中富含胡萝卜素和叶黄素，胡萝卜素能够补充部分维生素A，而叶黄素可以改变蛋黄颜色。

2. 小麦

小麦（图4-2）含能量约为玉米的90%，约12.89MJ/kg，蛋白质多，氨基酸种类比其他谷类完善，B族维生素也较丰富；适口性好，易消化，可以作为鸡的主要能量饲料。但因小麦的β-葡聚糖和戊聚糖比玉米高，会影响鸡对饲料的利用率，在饲料中添加β-葡聚糖酶和戊聚糖酶可改善小麦的消化率。

图4-1 玉米

图4-2 小麦

【小知识】>>>>

β-葡聚糖和戊聚糖：属不能被鸡消化、利用的非淀粉多糖，除此还有木聚糖、甘露聚糖等。

3. 麦麸

小麦麸（图4-3）中蛋白质、锰和B族维生素含量较多，适口性强，为鸡最常用的辅助饲料。但能量低，纤维含量高，容积大，属于低热能饲料，不宜用量过多。

4. 米糠

米糠（图4-4）的营养特点与麦麸类似，含脂肪、纤维较多，富

含B族维生素，用量太多易引起消化不良，常作辅助饲料。

图4-3　麦麸

图4-4　米糠

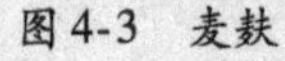

5. 油脂

动物脂肪和油脂是含能量最高的饲料，动物油脂的代谢能为32. 2MJ/kg，植物油脂的代谢能为36. 8kJ/kg，适合于配合高能日粮。

（二）蛋白质饲料

1. 植物性蛋白质饲料

饼、粕类（图4-5和图4-6）：也叫油饼类，是油料作物的籽实提取油分后的副产品，包括大豆饼、菜籽饼、芝麻饼和亚麻仁饼等。饼、粕类有两种生产方法，溶剂浸提法的产品通称为粕，压榨法产品则称为饼。前者蛋白质含量较高，后者能量含量较高，其他营养成分变化不大。

图4-5　饼类

图4-6　粕类

（1）豆饼（粕）　它们是饼、粕类饲料中营养价值最高的一种

饲料，蛋白质含量为42%~46%。大豆饼（粕）含赖氨酸高，但蛋氨酸、胱氨酸含量相对不足，一般用量占日粮的10%~30%。但是，如果日粮中大豆饼（粕）含量过多，可能会引起雏鸡粪便粘着肛门的现象，还会导致鸡的爪垫炎。

（2）花生饼（粕） 营养价值仅次于豆饼（粕），适口性优于豆饼（粕），含蛋白质38%左右，有的含蛋白质高达44%~47%，含精氨酸、组氨酸较多。花生饼（粕）易感染黄曲霉毒素，使鸡中毒，因此，储藏时切忌发霉，一般用量可占日粮的15%~20%。

（3）菜籽饼（粕） 蛋白质含量为34%左右，粗纤维含量约为11%。含有一定芥子甙（含硫甙）毒素，具辛辣味，食入过多，鸡会因甲状腺肿大停止生长。

（4）棉仁饼（粕） 蛋白质含量丰富，可达32%~42%。但是棉仁饼（粕）含游离棉酚，游离棉酚有一定的毒性，一般不宜单独使用，用量不超过日粮的5%。

2. 动物性蛋白质饲料

（1）鱼粉 鱼粉是最佳的蛋白质饲料，营养价值高，是其他任何饲料所不及的。但是饲喂鱼粉过多可使鸡肌胃发生糜烂，还会使鸡肉和鸡蛋出现不良气味。鱼粉应储存在通风和干燥的地方，否则容易生虫或腐败而引起鸡中毒。

（2）肉骨粉 肉骨粉是屠宰场的肉骨或病死畜尸体等成分经高温、高压处理后脱脂干燥制成。营养价值取决于所用的原料，饲用价值比鱼粉稍差，含蛋白质45%左右，含脂肪较高。肉骨粉容易变质腐败，喂前应注意检查。

（三）矿物质饲料

1. 含钙饲料

贝壳粉、石灰石粉、蛋壳粉均为钙的主要来源，其中贝壳粉最好，含钙多，易被鸡吸收。石灰石粉含钙也很高，价格便宜，但有苦味。蛋壳经过清洗煮沸和粉碎之后，也是较好的钙质饲料。

2. 富磷饲料

骨粉、磷酸钙、磷酸氢钙是优质的磷、钙补充饲料，其中骨粉和磷酸氢钙最常用。

3. 食盐

食盐为钠和氯的来源，雏鸡用量占日粮的0.25%~0.3%，成鸡占0.3%~0.4%，如日粮中含有咸鱼粉或饮水中含盐量高时，应弄清含盐量，在配合饲料中减少食盐用量或不加。

4. 其他辅助矿物质

沙砾有助于肌胃的研磨力，喂沙砾可减少肌胃腐蚀的发生。不喂沙砾时，雏鸡会啄食垫草或羽毛，损伤肠道。麦饭石、沸石和膨润土不仅含有常量元素，还富含微量元素，并且由于它们结构的特殊性，容易被动物所吸收利用，因而可提高鸡的生产性能。此外，它们还具有较强的吸附性，如沸石和膨润土有减少消化道氨浓度的作用。

（四）饲料添加剂

饲料添加剂可以提高饲料的利用率，促进家禽生长，预防某些疾病，减少饲料储藏期间营养物质的损失，改进家禽产品的品质等。习惯上，饲料添加剂可分为营养性添加剂和非营养性添加剂两大类（图4-7）。

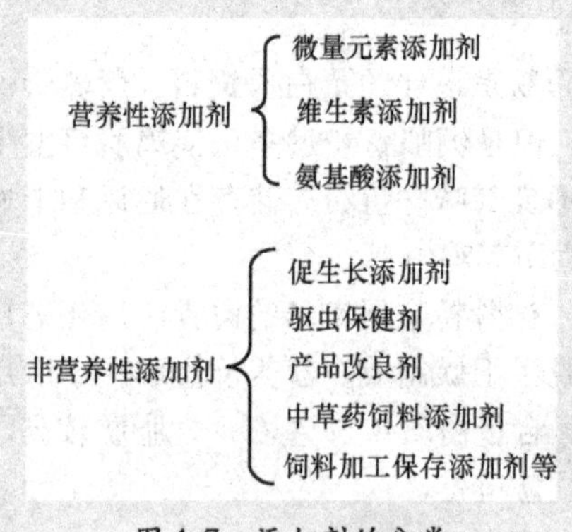

图4-7　添加剂的分类

1. 微量元素添加剂

通常需要补充的微量元素有铁、铜、锰，锌、钴、碘、硒等。硫酸盐是微量元素添加剂的常用原料，因为硫酸盐利用率高，还可使蛋氨酸增效10%左右。

2. 维生素添加剂

家禽对于维生素的需要量，除考虑营养需要外，还应考虑日粮组

成、饲养方式、环境条件、家禽体质与健康状况、应激情况、饲料中维生素利用率、饲料加工储藏的损失等而决定。如放牧饲养的家禽，青料比较充足时，维生素可以少添加或不添加；接种疫苗、转群、断喙和有疫病时，要加大维生素添加量。一般使用的维生素添加剂有：维生素A（粉状）、维生素D（粉状）、a-生育酚（粉状）、维生素K_3、盐酸硫胺素、维生素B_2、盐酸吡哆醇、维生素B_3、烟酰胺、D-泛酸钙、氯化胆碱、叶酸、维生素B_{12}、L-抗坏血酸钙，d-生物素。

3. 氨基酸添加剂

氨基酸添加剂用于补充饲料中限制性氨基酸的不足。例如以玉米、豆饼为主的日粮添加蛋氨酸，可以节省动物性饲料用量；大豆饼不足的日粮添加蛋氨酸和L-赖氨酸，可以大大强化饲料的蛋白质营养价值。目前人工合成的氨基酸主要有蛋氨酸和赖氨酸两种。

4. 促生长添加剂

抗生素类添加剂适用于生长期蛋鸡，主要作用是刺激家禽生长，提高家禽对饲料的利用能力，防治疾病，保障家禽健康生长。常用于鸡的抗生素添加剂有盐霉素、土霉素和杆菌肽等。但长期应用抗生素可能出现病原菌、产生耐药性等问题，对于产蛋鸡大部分的抗生素类添加剂不能使用，以免在鸡蛋中产生药残。目前，我国开发出的抗生素替代品有很多，如酶制剂、微生态制剂、寡聚糖、中草药制剂等，大部分都可以在产蛋期蛋鸡饲料中添加，取得了较好的应用效果。

【小知识】>>>>

酶制剂：大致可分为消化酶和非消化酶两种。消化酶如蛋白酶、淀粉酶和脂肪酶等，用于补充体内酶的不足。非消化酶大多是由微生物发酵而产生，用于消化畜禽自身不能消化的物质，如纤维素酶、半纤维素酶、植酸酶、果胶酶、葡聚糖酶等。

微生态制剂：也叫活菌制剂、益生素，是利用正常微生物或促进微生物生长的物质制成的活的微生物制剂。也就是说，一切能促进正常微生物群生长繁殖的及抑制致病菌生长繁殖的制剂都称为微生态制剂。

寡聚糖：又称低聚糖，虽然不能被动物吸收利用，但能被机体肠道内有益菌利用而使其大量繁殖，抑制有害菌生长繁殖。可起到促进动物生长、提高饲料利用率、预防疾病、提高机体免疫力的作用。

5. 驱虫保健剂

驱虫保健剂主要是指添加于生长期蛋鸡饲料中的抗球虫药，产蛋期禁用。国内外用以防治球虫的添加剂有几十种之多，大部分药物均产生不同程度抗药性。因此，常轮番使用几种抗球虫药（称之为穿梭程序用药法），这样能收到较好效果。抗生素类添加剂和驱虫保健剂属药物性饲料添加剂，一定要严格按照国家规定添加使用。

6. 防霉剂

防止饲料霉变的根本措施是保证原料干燥、控制储藏条件、尽量缩短储藏期、加速饲料周转等。目前我国南方使用的防霉剂多是进口商品，如丙酸、丙酸钙、丙酸钠、克饲霉、霉敌等。

7. 抗氧化剂

饲料中的脂肪和脂溶性维生素与空气接触容易氧化，添加了抗氧化剂就可防止这种情况发生。目前使用化学合成方法制造的抗氧化剂有乙氧基喹啉（简称山道喹）、丁基化羟基甲苯（简称 BHT）和丁基化羟基甲氧基苯（简称 BHA）等，用量均在 150mg/kg 以下。此外，还有抗坏血酸、五倍子酸酯、丙基五倍子酸盐、维生素 E 等。

8. 调味剂

为提高饲料的适口性与商品性，常在饲料中加入少量香料。常用的香料有香草醛乳酸丁酯、乳酸乙酯、蒜油、葱油、茴香油等。

9. 着色剂

在缺乏青饲料的大群饲养中，为保证蛋黄的色泽，就需要在饲料中添加少量着色剂。目前使用的着色剂是人工合成的色素，主要是叶黄素，也就是叫做胡萝卜醇的黄色素。

10. 其他添加剂

有颗粒黏结剂、防结块剂、防尘剂、防湿剂等。比如，膨润土和膨润土钠具有较高的吸水性，可以做饲料制粒黏结剂；硅酸钙、硅酸铝钠和二氧化硅用在各种饲料与添加剂中，有防止结块保证物料流动的功能；蛭石孔隙大、比重小，可作为液体抗氧化剂乙氧喹的吸附剂；矿物油添加于微量元素及预混合物中，除了有黏附作用有助于混合均匀外，还能起隔水作用。

【提示】《中华人民共和国畜牧法》《中华人民共和国农产品质量安全法》《饲料和饲料添加剂管理条例》《禁止在饲料和动物饮用水中使用的药物品种目录》《食品动物禁用的兽药及其化合物清单》等法律法规明令禁止大多数抗生素、盐酸克仑特罗、呋喃唑酮、莱克多巴胺、喹乙醇、氨丙啉、氯羟吡啶、尼卡巴嗪、拉沙洛西钠、越霉素A等在家禽饲料中添加。

（五）配合饲料

1. 配合饲料的优点

通过前面的介绍可以看出单一的饲料原料各有其特点，有的以供应能量为主、有的以供应蛋白质和氨基酸为主、有的以供应矿物质或维生素为主、有的粗纤维含量高、有的水分含量高、有的是以特殊目的而添加到饲料中的产品，所以单一饲料原料普遍存在营养不平衡、不能满足动物的营养需要、饲养效果差等问题，有的饲料还存在适口性差、不能直接饲喂动物、加工和保存不方便等缺陷，有的饲料含抗营养因子和毒素等问题。为了合理利用各种饲料原料、提高饲料的利用效率和营养价值、提高饲料产品的综合性能、提高饲料的加工性能和保存时间等，有必要将各种饲料进行合理搭配，以便充分发挥各种单一饲料的优点、避开其缺点。因此，配合饲料便成为集约化饲养、饲料工业化生产的必然选择。

配合饲料是指根据不同品种、不同生长阶段、不同生产要求的营养需要，按科学配方把不同来源的饲料原料，依一定比例均匀混合，并按规定的工艺流程生产以满足各种实际需求的饲料。是根据科学试验并经过实践验证而设计和生产的，集中了动物营养和饲料科学的研究成果，并能把各种不同的组分（原料）均匀混合在一起，从而保证有效成分的稳定一致，提高饲料的营养价值和经济效益。

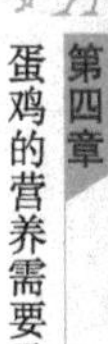

配合饲料生产需要根据有关标准、饲料法规和饲料管理条例进行，有利于保证质量，并有利于人类和动物的健康，有利于保护环境和维护生态平衡。

配合饲料可直接饲喂或经简单处理后饲喂，方便用户使用，方便运输和保存，减轻了用户劳力。

2. 配合饲料的分类

(1) 按营养成分分类 饲料按营养成分可分为预混料、浓缩料和全价料，其关系如图4-8所示。

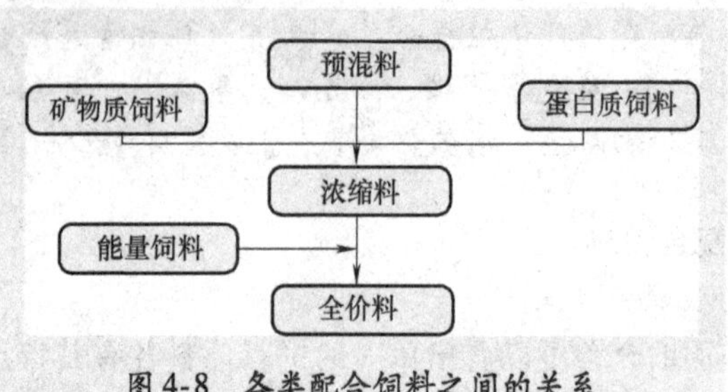

图4-8 各类配合饲料之间的关系

1）预混料：又称添加剂预混料，一般由各种添加剂加载体混合而成，是一种饲料半成品。可供生产浓缩饲料和全价饲料使用，其添加量为全价饲料的0.5%～5%，不能直接饲喂动物，是配合饲料的核心。

2）浓缩料：不含能量饲料，需按生产厂的说明与能量饲料配合稀释后方可应用，通常占全价配合饲料的20%～30%。

3）全价料：又称全价配合饲料，能够全面满足蛋鸡的营养需要，是不需要另外添加任何营养性物质的配合饲料。

(2) 按物理形状分类 全价配合饲料按饲料形状可分为粉料、颗粒料和碎裂料，这些不同形状的饲料各有其优缺点，可酌情选用其中的一种或两种。目前蛋鸡标准化规模养殖场多采用颗粒料或粉料。

粉料（图4-9）是将各种饲料原料磨碎后，按一定比例混合均匀而成，营养完善。但缺点是易造成鸡挑食，粉尘大。粉料的细度应在1～2.5mm之间，过细鸡不易下咽，适口性变差。颗粒料（图4-10）是粉料经颗粒机制粒得到的块状饲料，多呈圆柱状，适口性好，饲料报酬高，但成本较高。

(3) 按生理阶段分类 蛋鸡的饲养过程大致分为育雏期、育成期、预产期和产蛋期。因此配合饲料也分为育雏料、育成料、预产料和产蛋期配合饲料。蛋鸡育雏期一般是指蛋鸡的周龄在0～6周龄；

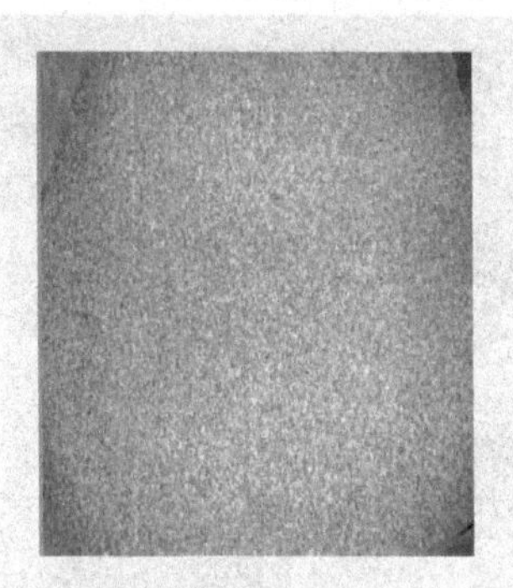

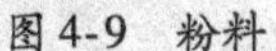

图 4-9　粉料　　　　图 4-10　颗粒料

7～18 周龄为育成期；19 周龄至产蛋 5% 为预产期；蛋鸡产蛋期的阶段划分，大体上 21～24 周龄为产蛋前期，25～42 周龄为产蛋中期，43～72 周龄为产蛋后期。鸡群开始产第一个蛋的日期叫见蛋日龄，开始见蛋不等于大群开产，产蛋率达到 50% 时才能代表全群开产。因此把产蛋率达到 50% 的日期叫做全群开产日龄；产蛋率达到最高的那段时间叫产蛋高峰期。

【提示】选择全价饲料应注意的问题：

1）选择实力强、信誉好的生产企业。由于生产饲料的企业众多，用户需选择产品质量稳定的企业，确保产品质量。

2）切忌重复使用添加剂。全价饲料中加入了一些常用添加剂，购买时应注意了解其添加剂的种类，避免重复添加该类添加剂。

3. 饲料的运输与储存

（1）配合饲料的运输（图 4-11）　启运前，应严格执行饲料卫生标准，原料与成品不要同车装运，已经污染的饲料不许装运。运输的车船应保持清洁干燥，必要时需作消毒处理。运输过程中要轻装轻卸，防止包装破损，防雨防潮，减少再污染的机会和霉败。最好采用罐车运输散装饲料至料塔，减少包装费用和污染机会。

（2）配合饲料的储存（图 4-12）　饲料要保存在通风干燥、低温、避光和清洁的环境中，并注意保质期。

图 4-11　饲料的运输

图 4-12　饲料塔、饲料库

影响饲料储存的因素：

1）温度：对储藏饲料的影响较大，高温会加快饲料中营养成分的分解速度，还能促进微生物、储粮害虫等的繁殖和生长，导致饲料发热霉变。

2）阳光：照射一方面会使饲料温度升高，另一方面会促进饲料中营养物质的氧化，以及维生素、蛋白质的失活或者变性。影响营养价值和适口性。

3）虫、鼠害：虫害会造成营养成分的损失或毒素的产生。鼠的危害不仅在于它们吃掉大量的饲料，而且还会造成饲料污染，传播疾病。为避免虫害和鼠害，在储藏饲料前，应彻底清除仓库内壁、夹缝及死角，堵塞墙角漏洞，并进行密封熏蒸消毒处理。

4）霉菌：饲料在储存、运输、销售和使用过程中极易发生霉变，霉菌不仅消耗、分解饲料中的营养物质，还会产生霉菌毒素，引起畜禽腹泻、肠炎等，严重的导致畜禽死亡。

【提示】当水分控制在10%以下（即水分活度不大于0.6），任何微生物都不能生长。配合饲料的水分大于13%，或空气中湿度大，都会使饲料容易发霉。因此，在常温仓库内储存饲料时要求空气的相对湿度在70%以下，饲料含水量以北方不高于14%、南方不高于12.5%为宜。配合饲料包装要用双层袋，内用不透气的塑料袋，外用编织袋包装，仓库要经常保持通风、干燥。

二 蛋鸡的营养需要

营养需要是指动物在最适宜环境条件下，正常、健康生长或达到理想生产成绩对各种营养物质种类和数量的最低要求，简称“需要”。为了给产蛋鸡精确地配制日粮，首先要确定其营养需要。产蛋家禽的营养需要可以分为维持需要和产蛋需要。维持需要取决于母禽的体重、活动量和环境温度。家禽体重小、体温高、活动量大、基础代谢率高，故维持的需要量高。产蛋需要与蛋的营养成分和产蛋水平有关，蛋禽的生产能力很强，年产270枚鸡蛋的母鸡按每枚蛋重60g计，年产蛋量达16.2kg，是自身体重的10倍。因此，相对于家畜而言，产蛋家禽的营养需要量是较高的。

饲养标准（Feeding Standard）是根据大量饲养实验结果和动物生产实践的经验总结，对各种特定动物所需要的各种营养物质的定额作出的规定，这种系统的营养定额及有关资料统称为饲养标准。也就是说饲养标准确切和系统地表述了特定动物（不同种类、性别、年龄、体重、生理状态、生产性能、不同环境条件等）能量和各种营养物质的定额数值。它是营养需要的量化表现。我国针对各种畜禽的类别、生产性能等情况颁布了适合我国国情的饲养标准，例如《鸡饲养标准》（NY/T 33—2004）（表4-1），为我国鸡的营养需要提供了参考。

表 4-1 产蛋鸡饲养标准

营养指标	单位	开产~高峰期（>85%）	高峰期（<85%）	种鸡
代谢能 ME	MJ/kg（Mcal/kg）	11.29（2.7）	10.87（2.65）	11.29（2.7）
粗蛋白质 CP	%	16.5	15.5	18.0
蛋白能量比 CP/ME	g/MJ（g/Mcal）	14.61（61.11）	14.26（58.49）	15.94（66.67）
赖氨酸能量比 Lys/ME	g/MJ（g/Mcal）	0.64（2.67）	0.61（2.54）	0.63（2.63）
赖氨酸 Lys	%	0.75	0.70	0.75
蛋氨酸 Met	%	0.34	0.32	0.34
蛋氨酸+胱氨酸 Met+Cys	%	0.65	0.56	0.65
苏氨酸 Thr	%	0.55	0.50	0.55
色氨酸 Trp	%	0.16	0.15	0.16
精氨酸 Arg	%	0.76	0.69	0.76
亮氨酸 Leu	%	1.02	0.98	1.02
异亮氨酸 Ile	%	0.72	0.66	0.72
苯丙氨酸 Phe	%	0.58	0.52	0.58
苯丙氨酸+酪氨酸 Phe+Tyr	%	1.08	1.06	1.08
组氨酸 His	%	0.25	0.23	0.25
缬氨酸 Val	%	0.59	0.54	0.59
甘氨酸+丝氨酸 Gly+Ser	%	0.57	0.48	0.57

第二节 蛋鸡的日粮配制

一 高产蛋鸡的日粮配制

1. 日粮配方设计的原则

（1）营养性原则 选用合适的饲养标准；合理选择饲料原料，正确评估和决定饲料原料营养成分含量；正确处理配合饲料配方设计值与配合饲料保证值的关系。

（2）安全性原则 配合饲料对动物自身必须是安全的，发霉、

酸败污染和未经处理的含毒素等饲料原料不能使用，饲料添加剂的使用量和使用期限应符合安全法规。

（3）经济性原则 饲料原料的选用应注意因地制宜和因时而异，充分利用当地的饲料资源，尽量少从外地购买饲料，既避免了远途运输的麻烦，又可降低配合饲料生产的成本。设计饲料配方时应尽量选用营养价值较高而价格低廉的饲料原料，多种原料搭配，可使各种饲料之间的营养物质互相补充，以提高饲料的利用效率。

（4）市场性原则 产品设计必须以市场为目标，配方设计人员必须熟悉市场，及时了解市场动态，准确确定产品在市场中的地位，明确用户的特殊要求，同时，还要预测产品的市场前景，不断开发新产品，以增强产品的市场竞争力。

2. 日粮配方设计的方法

全价饲粮配方设计的方法很多，如四角形法、试差法、公式法、线性规划法、计算机法等。目前养鸡专业户和一些小型鸡场多采用试差法，而大型鸡场多采用计算机法。下面简单介绍试差法和 Excel 表计算法。

（1）试差法 生产实例：利用玉米、豆饼、花生饼、鱼粉、碎米、麦麸、骨粉、石粉及食盐、添加剂预混料，为产蛋率 80% 以上的母鸡配合饲料。

基本步骤：一是查饲养标准；二是查饲料营养成分价值表；三是确定各种原料的大致用量；四是计算各营养指标，并与饲养标准比较、修改，与饲养标准差值在 ±5% 以内；五是调整配方，确定各种原料的用量，见表 4-2。

表 4-2 饲料配方中常用饲料原料使用量的大致范围（%）

饲料种类 \ 家禽种类	雏鸡	肉用仔鸡	育成鸡	成年鸡
谷物饲料（2 种及以上）	45 ~ 70	45 ~ 70	45 ~ 70	45 ~ 70
糠麸类（1 ~ 3 种）	5 ~ 10	5 ~ 10	10 ~ 20	10 ~ 20
饼、粕类（1 ~ 2 种及以上）	15 ~ 30	15 ~ 30	15 ~ 25	15 ~ 25

（续）

家禽种类 饲料种类	雏鸡	肉用仔鸡	育成鸡	成年鸡
动物性饲料（1~2种）	3~10	3~10	3~10	3~10
矿物质饲料（2~4种）	2~3	2~3	3~8	3~10
食盐	0.2~0.4	0.2~0.4	0.3~0.5	0.3~0.5
饲料添加剂	0.5~1.0	0.5~1.0	0.5~1.0	0.5~1.0

具体做法如下：

第一步：根据饲喂对象及现有的饲料种类列出饲养标准及饲料成分表（表4-3）。

表4-3　饲养标准及饲料成分表

项　目	代谢能/(MJ/kg)	粗蛋白质（%）	钙（%）	总磷（%）	蛋氨酸+胱氨酸（%）	赖氨酸（%）
鱼粉	12.13	62	3.91	2.9	2.21	4.34
豆饼	11.05	43.0	0.32	0.50	1.08	2.45
花生饼	12.26	43.9	0.25	0.52	1.02	1.35
玉米	14.04	8.6	0.04	0.21	0.31	0.29
碎米	14.10	8.8	0.04	0.23	0.34	0.36
麦麸	7.24	15.4	0.14	1.06	0.48	0.47
骨粉	—	—	36.4	16.4	—	—
石粉	—	—	37	—	—	—
饲养标准						
产蛋率>80%	11.5	16.5	3.5	0.6	0.63~0.73	0.75

第二步：初步确定各种饲料的用量，算出其营养成分。

假设初步确定各种饲料的比例为：鱼粉5%、花生饼5%、豆饼10%、碎米10%、麦麸6%、食盐0.37%、骨粉1%、石粉7%、添加剂0.5%、玉米55.13%。

各饲料原料比例初步确定后列表（表4-4），计算出各种营养物质的含量。

表 4-4 饲料初配方及营养物质含量

饲料	比例（%）	代谢能（MJ/kg）	粗蛋白质（%）	钙（%）	总磷（%）	蛋氨酸 + 胱氨酸（%）	赖氨酸（%）
鱼粉	5	0. 05 ×12. 13 =0. 607	0. 05 ×62 =3. 100	0. 05 ×3. 91 =0. 196	0. 05 ×2. 9 =0. 145	0. 05 ×2. 21 =0. 111	0. 05 ×4. 34 =0. 217
豆饼	10	1. 105	4. 300	0. 032	0. 050	0. 108	0. 245
花生饼	5	0. 613	2. 195	0. 013	0. 026	0. 051	0. 068
玉米	55. 13	7. 740	4. 741	0. 022	0. 116	0. 171	0. 160
碎米	10	1. 410	0. 880	0. 004	0. 023	0. 034	0. 036
麦麸	6	0. 434	0. 924	0. 008	0. 064	0. 029	0. 028
骨粉	1	—	—	0. 364	0. 164	—	—
石粉	7	—	—	2. 590	—	—	—
食盐	0. 37	—	—	—	—	—	—
添加剂	0. 5	—	—	—	—	—	—
合计	100	11. 909	16. 140	3. 228	0. 588	0. 503	0. 754
相差		0. 409	－0. 36				

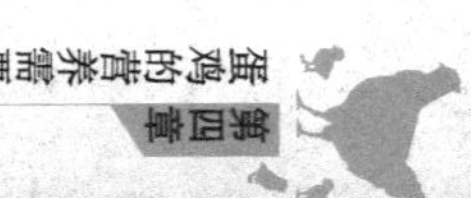
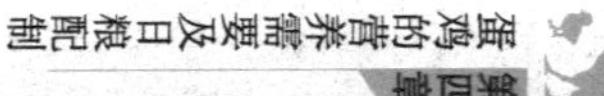

第三步：调整配方中粗蛋白质和代谢能含量。

根据以上初步确定的配方来看，代谢能比营养标准多0.409MJ/kg，而粗蛋白质比饲养标准少0.36%，这样可利用豆饼代替部分玉米含量进行调整，若粗蛋白质高于饲养标准，同样也可用玉米代替部分豆饼含量进行调整。

从饲料营养成分表中可查出豆饼的代谢能为11.05MJ/kg，而玉米的粗代谢能为14.04MJ/kg，豆饼中代谢能比玉米低2.99MJ/kg，可用0.409/2.99×100%＝1.368%（为了计算方便可取1.37%）的豆饼代替玉米就能满足代谢能的需要。第一次调整后的配方及营养成分含量见表4-5。

表4-5　第一次调整后的配方及营养成分含量

饲料种类	饲料比例（%）	代谢能/(MJ/kg)	粗蛋白（%）	钙（%）	总磷（%）	蛋氨酸+胱氨酸（%）	赖氨酸（%）
鱼粉	5	0.607	3.100	0.196	0.145	0.111	0.217
豆饼	11.37	1.256	4.889	0.036	0.057	0.123	0.279
花生饼	5	0.613	2.195	0.013	0.026	0.051	0.068
玉米	53.76	7.548	4.623	0.022	0.113	0.167	0.156
碎米	10	1.410	0.880	0.004	0.023	0.034	0.036
麦麸	6	0.434	0.924	0.008	0.064	0.029	0.028
骨粉	1	—	—	0.364	0.164	—	—
石粉	7	—	—	2.590	—	—	—
食盐	0.37	—	—	—	—	—	—
添加剂	0.5	—	—	—	—	—	—
合计	100	11.868	16.611	3.232	0.591	0.514	0.783
相差		0.378	0.111	−0.268	−0.009	−0.12	0.033

第四步：平衡钙磷，补充添加剂。

根据以上计算结果与营养需要比较，钙缺0.268%，磷缺0.009%。可用0.009%/16.4%×100%＝0.06%骨粉补充磷，可满足钙的需要0.06%×36.4%＝0.02%。剩余0.248%的钙用石粉补充，需石粉0.248%/37%×100%=0.67%。为了配方合计为100%，从玉米中扣除0.06%+0.67%=0.73%，平衡氨基酸、维生素和微量元素添加剂，按照说明添加。经过调整的配方中所有营养已基本满足要求（表4-6）。

表4-6　再次调整后的配方及营养成分含量

饲料种类	饲料比例（%）	代谢能/(MJ/kg)	粗蛋白（%）	钙（%）	总磷（%）	蛋氨酸+胱氨酸（%）	赖氨酸（%）
鱼粉	5	0.607	3.100	0.196	0.145	0.111	0.217
豆饼	11.37	1.256	4.889	0.036	0.057	0.123	0.279
花生饼	5	0.613	2.195	0.013	0.026	0.051	0.068
玉米	53.03	7.445	4.561	0.021	0.111	0.164	0.154
碎米	10	1.410	0.880	0.004	0.023	0.034	0.036
麦麸	6	0.434	0.924	0.008	0.064	0.029	0.028
骨粉	1.06	—	—	0.386	0.174	—	—
石粉	7.67	—	—	2.838		—	—
食盐	0.37	—	—	—	—	—	—
添加剂	0.5	—	—	—	—	—	—
合计	100	11.766	16.549	3.502	0.600	0.511	0.781
相差		0.266	0.049	0.002	0.00	-0.119	0.031

调整后的配方：鱼粉5%、花生饼5%、豆饼11.37%、碎米10%、麦麸6%、食盐0.37%、骨粉1.06%、石粉7.67%、添加剂预混料0.5%、玉米53.03%。氨基酸、维生素和微量元素添加剂，按照说明添加即可。

（2）Excel表计算法　在实际生产条件下，多数配方设计者采用试差法或饲料配方软件来计算，用试差法的配方结果精确度不高，而且若要求配平的指标数较多时，会非常麻烦，耗时较多，若用配方软件进行配方，价格高并且相当一部分软件设计也并不理想。在生产中，可以利用Excel电子表格进行计算，不仅可以提高计算速度而且在计算过程中可以较为灵活地结合生产实际进行配制。

下面以配产蛋率大于85%产蛋鸡的饲料为例设计饲料配方，介绍此种方法的具体过程。

例：用玉米、小麦麸、豆粕、棉籽粕、油脂、酵母粉、贝壳粉、磷酸氢钙、食盐、L-赖氨酸盐酸盐（98%）、DL-蛋氨酸（99%）、0.2%微量元素预混料、维生素复合预混料500g/t全价配合饲料、50%氯化胆碱为产蛋率大于85%产蛋鸡设计配合饲料。

① 单击程序中的Excel，完成新建。

② 建立表格模型，如图4-13所示。在A1～H1个单元格内输入相应的指标名称“原料及指标、配比（%）、代谢能/(MJ/kg)、粗蛋白质（%）、钙（%）、磷（%）、赖氨酸（%）、蛋氨酸（%）”，在A2～A14各单元格内输入“玉米、小麦麸、豆粕、棉籽粕、油脂、酵母粉、贝壳粉、磷酸氢钙、50%胆碱、0.2%微量元素预混料、维生素复合预混料500g/t、蛋氨酸、食盐”，在A15单元格中输入“合计”，A16内输入“参考标准”。

	A	B	C	D	E	F	G	H
1	原料与指标	配比（%）	代谢能/（MJ/Kg）	粗蛋白质（%）	钙（%）	磷（%）	蛋氨酸（%）	赖氨酸（%）
2	玉米		13.47	8.5	0.07	0.17	0.18	0.24
3	小麦麸		6.82	15.2	0.25	0.62	0.13	0.58
4	豆粕		9.62	43.83	0.31	0.34	0.64	2.45
5	棉籽粕		8.41	42.5	0.24	0.33	0.45	1.59
6	油脂		37	0	0	0	0	0
7	酵母粉		10.54	52.4	0.16	1.02	0.83	3.38
8	贝壳粉			0	35			
9	磷酸氢钙		0	0	23	18	0	0
10	50%胆碱		0	0	0	0	0	0
11	0.2%微量元素预混料		0	0	0	0	0	0
12	维生素复合预混料500g/t		0	0	0	0	0	0
13	蛋氨酸		0	0	0	0	99	0
14	食盐							
15	合计							
16	参考标准		11.29	16.5	3.5	0.6	0.34	0.75

图4-13 各饲料原料成分含量和营养需要

③ 完善动物营养需要和饲料中各营养含量，如图4-13所示。根据实践经验和生产要求，结合饲养标准确定该蛋鸡的营养需要，即表格中的“参考标准”，将相应的数值输入C16～H16各

单元格中。将各饲料原料的营养成分数值输入相应的单元格内（C2～H14）。

④ 拟定原始配方并计算。蛋鸡配合饲料中各原料的比例一般为：能量饲料60%～70%、蛋白质饲料20%～30%、矿物质和添加剂预混料7%～10%。现拟定50%胆碱、0.2%微量元素和维生素复合预混料500g/t的用量分别是：0.1%、0.2%、0.05%，在B2～B14各单元格中输入初拟配方，总和应为100%，在B15中输入“=SUM（B2：B15）”进行验证。根据初拟配方计算各营养指标的合计值，即统计各饲料原料提供的营养水平之和。例如在计算代谢能时，在C15单元格中输入计算公式“=SUMPRODUCT（$B2：$B15，C2：C15）/100”，见图4-14。按照上述方法，依次输入相应的运算公式计算粗蛋白质、钙、磷、赖氨酸、蛋氨酸等指标的含量，也可以用鼠标拖曳的方式复制“代谢能”的运算公式。计算结果如图4-15所示。

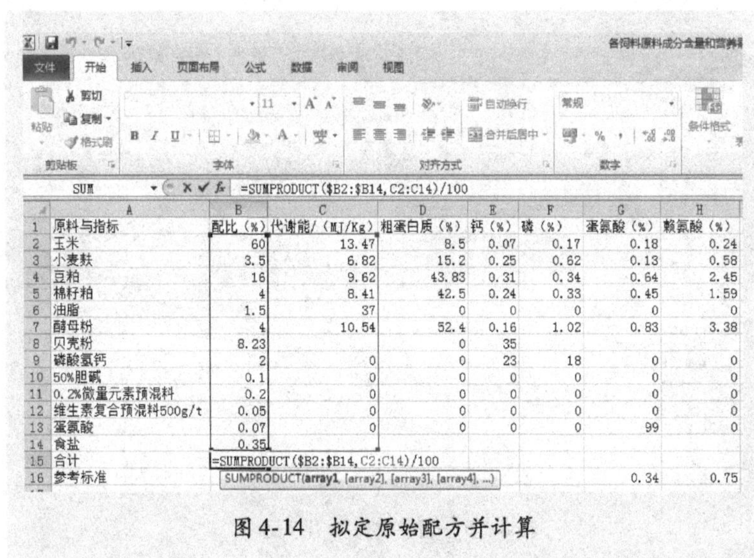
SUM =SUMPRODUCT($B2:$B14,C2:C14)/100

	A	B	C	D	E	F	G	H
1	原料与指标	配比（%）	代谢能/（MJ/Kg）	粗蛋白质（%）	钙（%）	磷（%）	蛋氨酸（%）	赖氨酸（%）
2	玉米	60	13.47	8.5	0.07	0.17	0.18	0.24
3	小麦麸	3.5	6.82	15.2	0.25	0.62	0.13	0.58
4	豆粕	16	9.62	43.83	0.31	0.34	0.64	2.45
5	棉籽粕	4	8.41	42.5	0.24	0.33	0.45	1.59
6	油脂	1.5	37	0	0	0	0	0
7	酵母粉	4	10.54	52.4	0.16	1.02	0.83	3.38
8	贝壳粉	8.23		0	35			
9	磷酸氢钙	2	0	0	23	18	0	0
10	50%胆碱	0.1	0	0	0	0	0	0
11	0.2%微量元素预混料	0.2	0	0	0	0	0	0
12	维生素复合预混料500g/t	0.05	0	0	0	0	0	0
13	蛋氨酸	0.07	0	0	0	0	99	0
14	食盐	0.35						
15	合计	=SUMPRODUCT($B2:$B14,C2:C14)/100						
16	参考标准	SUMPRODUCT(array1, [array2], [array3], [array4], ...)					0.34	0.75

图4-14 拟定原始配方并计算

⑤ 调整配方。结合各饲料原料中营养成分的含量及各种饲料原料的特点，重新调整各原料的用量，结果如图4-16所示。

	A	B	C	D	E	F	G	H
1	原料与指标	配比（%）	代谢能/（MJ/Kg）	粗蛋白质（%）	钙（%）	磷（%）	蛋氨酸（%）	赖氨酸（%）
2	玉米	60	13.47	8.5	0.07	0.17	0.18	0.24
3	小麦麸	3.5	6.82	15.2	0.25	0.62	0.13	0.58
4	豆粕	16	9.62	43.83	0.31	0.34	0.64	2.45
5	棉籽粕	4	8.41	42.5	0.24	0.33	0.45	1.59
6	油脂	1.5	37	0	0	0	0	0
7	酵母粉	4	10.54	52.4	0.16	1.02	0.83	3.38
8	贝壳粉	8.23		0	35			
9	磷酸氢钙	2	0	0	23	18	0	0
10	50%胆碱	0.1	0	0	0	0	0	0
11	0.2%微量元素预混料	0.2	0	0	0	0	0	0
12	维生素复合预混料500g/t	0.05	0	0	0	0	0	0
13	蛋氨酸	0.07	0	0	0	0	99	0
14	食盐	0.35						
15	合计	100	11.17	16.44	3.46	0.59	0.34	0.76
16	参考标准		11.29	16.5	3.5	0.6	0.34	0.75

图 4-15　原始配方计算结果

	A	B	C	D	E	F	G	H
1	原料与指标	配比（%）	代谢能/（MJ/Kg）	粗蛋白质（%）	钙（%）	磷（%）	蛋氨酸（%）	赖氨酸（%）
2	玉米	61.1	13.47	8.5	0.07	0.17	0.18	0.24
3	小麦麸	1.53	6.82	15.2	0.25	0.62	0.13	0.58
4	豆粕	16.6	9.62	43.83	0.31	0.34	0.64	2.45
5	棉籽粕	4	8.41	42.5	0.24	0.33	0.45	1.59
6	油脂	1.6	37	0	0	0	0	0
7	酵母粉	4	10.54	52.4	0.16	1.02	0.83	3.38
8	贝壳粉	8.3		0	35			
9	磷酸氢钙	2.1	0	0	23	18	0	0
10	50%胆碱	0.1	0	0	0	0	0	0
11	0.2%微量元素预混料	0.2	0	0	0	0	0	0
12	维生素复合预混料500g/t	0.05	0	0	0	0	0	0
13	蛋氨酸	0.07	0	0	0	0	99	0
14	食盐	0.35						
15	合计	100	11.28	16.5	3.5	0.6	0.34	0.76
16	参考标准		11.29	16.5	3.5	0.6	0.34	0.75

图 4-16　调整配方后计算结果

⑥ 配方结果：列出详细的配方组成及主要的营养指标含量，见表4-7。

表 4-7　配方组成及主要的营养指标含量

原料及指标	配比（%）	营养指标	含量
玉米	61.1	代谢能/(MJ/kg)	11.28
小麦麸	1.53	粗蛋白质（%）	16.50
豆粕	16.6	钙（%）	3.50
棉籽粕	4	磷（%）	0.60
油脂	1.6	赖氨酸（%）	0.34
酵母粉	4	蛋氨酸（%）	0.76
贝壳粉	8.3		
磷酸氢钙	2.1		
胆碱	0.1		
微量元素预混料	0.2		
维生素预混料	0.05		
蛋氨酸	0.07		
食盐	0.35		
合计	100		

二　蛋用土鸡的日粮配制

我国由于土鸡种类很多，体型大小和生产性能不一，地方鸡种同国外高产蛋鸡相比最大的特点是产蛋率低，72 周龄母鸡平均产蛋量 200 以下，但环境适应性好，鸡蛋品质优良，近年来饲养广泛。然而目前生产中地方品种蛋鸡尚缺乏国家统一的营养标准，在饲料配制方面多参考国外高产蛋鸡的营养需要来进行，因此存在营养水平过高，或不平衡，添加剂种类多，造成营养过剩或浪费的问题，饲料成本增加的同时也给环境带来潜在危害。因此，依据地方品种蛋鸡本身产蛋率低、耐粗饲、抗病力强的特点，根据我国土鸡的营养特点，结合生产实际，参考我国鸡的营养标准得出一个比较合理的参考标准（表 4-8）。

日粮配合是养鸡生产实践中的一个重要环节。日粮配合是否合理，直接影响到鸡生产性能的发挥和生产的经济效益。日粮配合过程中还应注意以下基本问题：

表 4-8　土鸡营养需要参考标准

营养成分	后备鸡/周龄			产蛋鸡及种鸡产蛋率(%)		
	0~6	7~14	15~20	>80	65~80	<65
代谢能/(MJ/kg)	11.92	11.72	11.30	11.50	11.50	11.50
粗蛋白质（%）	18.00	16.00	12.00	16.50	15.00	15.00
钙（%）	0.80	0.70	0.60	3.50	3.40	3.40
总磷（%）	0.70	0.60	0.60	0.60	0.60	0.60
有效磷（%）	0.10	0.35	0.30	0.33	0.32	0.30
赖氨酸（%）	0.88	0.64	0.45	0.73	0.66	0.62
蛋氨酸（%）	0.30	0.27	0.20	0.36	0.33	0.31
色氨酸（%）	0.17	0.15	0.11	0.16	0.14	0.14
精氨酸（%）	1.00	0.89	0.67	0.77	0.70	0.66
维生素 A/国际单位	1500	1500		4000		4000
维生素 D/国际单位	200	200		500		300
维生素 E/国际单位	10	5		5		10
维生素 K/国际单位	0.5	0.5		0.5		0.5
维生素 B_2/mg	1.8	1.3		0.8		0.8
维生素 B_5/mg	10	10		2.2		10
维生素 B_3/mg	27	11		10		10
维生素 H/mg	0.15	0.10		0.10		0.15
胆碱/mg	1300	900		600		500
叶酸/mg	0.55	0.25		0.25		0.35
维生素 B_1/μg	9	3		4		4
铜/mg	8	6		6		8
铁/mg	80	60		50		30
锰/mg	60	30		30		60
锌/mg	40	35		50		65
碘/mg	0.35	0.35		0.30		0.30
硒/mg	0.15	0.1		0.10		0.10

1. 参照并灵活应用饲养标准，制定各类鸡的最适宜营养需要量

目前我国的蛋鸡饲养标准主要是针对专用型高产蛋鸡，我国土鸡种类繁多、体型不一，生产性能也不一致，因此营养需要也不一样。在实际应用时，应结合当地鸡的品种、性别、地区环境条件、饲料条件、生产性能等具体情况灵活调整，适当增减，制订出最适宜的营养需要量。最后再通过实际饲喂效果进行调整。

2. 正确地估测饲料的营养价值

同一种饲料，由于产地不一或收获季节不一，其营养成分也可能存在较大的差异。因此，在进行日粮配合时，必须选用符合当地实际情况的鸡饲料营养成分表，正确地估测各类饲料的营养价值，对用量较大而又重要的饲料最好实测。

3. 选择饲料时，应考虑经济原则

要尽量选用营养丰富、价格低廉、来源方便的饲料进行配合，注意因地制宜、因时制宜，尽可能发挥当地饲料资源优势。如在满足各主要营养物质需要的前提下，尽量采用价廉和来源可靠、易得的青绿饲料（如甘薯、南瓜、马铃薯等）代替一部分谷实类饲料，以降低饲养成本。

4. 注意日粮的品质和适口性

忌用有刺激性异味、霉变或含有其他有害物质的原料配制饲料。

影响饲料的适口性有两个方面：一方面是饲料本身的原因，如高粱含有单宁，喂量过多会影响鸡的采食量，因此，以占日粮的5%~10%为宜；另一方面是加工造成的，如压制成颗粒料可提高适口性，而粉料因磨得太细，鸡吃起来会发黏，降低了适口性。因此，粉料不能磨得太细，各种饲料的粒度应基本一致，避免鸡挑剔。种鸡一般不喂颗粒料。

5. 选用的饲料种类应尽量多样化

在可能的条件下，用于配合的饲料种类应尽量多样化，以利于营养物质的互补和平衡，提高整个日粮的营养价值和利用率。饲料品种多还可改善饲料的适口性，增加鸡的采食量，保证鸡群稳产、增产。

6. 考虑鸡的消化生理特点合理配料

鸡对粗饲料的消化率低，粗纤维在鸡日粮中的含量不能过高，

一般不宜超过5%，否则会降低饲料的消化率和营养价值。

7. 日粮要保持相对稳定

如确需改变时，应逐渐更换，最好有1周的过渡期，避免发生应激，影响鸡的食欲，降低其生产性能。尤其是对产蛋鸡，更要注意饲料的相对稳定。

第五章 蛋鸡的饲养管理

蛋鸡的饲养管理一般分为育雏期、育成期和产蛋期三个阶段，在不同的生长阶段采取不同的饲养管理方法。

第一节 育雏期的饲养管理

从雏鸡出壳到6周龄这个期间为育雏期。育雏期饲养的好坏，不仅直接关系到雏鸡的健康和生长发育，也关系到成年鸡的生产性能。只有实行科学的饲养管理，抓住育雏期的管理要点，才能为产蛋阶段生产性能的充分发挥打下坚实的基础。

一 育雏期的生理特点和生活习性

1. 体温调节能力差

刚出壳的雏鸡体小娇嫩、绒毛稀薄、御寒能力差、体温调节机能不完全、体温低，难以适应外界较大的温差变化。雏鸡体温在(40.1±0.21)℃，低于成年鸡2℃左右，3~4天以后逐渐均衡上升，到10日龄以后才能达到成年鸡体温，体温调节机能一般到3周龄才发育齐全，具有御寒能力。因此，育雏期要提供适宜的环境温度，采取保温措施，才能使雏鸡正常生长。

2. 生长发育快，消化能力差

雏鸡生长发育极为迅速，从出生到42日龄体重可增加11倍左

右，雏鸡的前期生长非常快，以后随日龄的增长而逐渐减慢。但出生雏鸡的胃肠容积小，消化道内又缺乏某些消化酶，消化能力差，所以要提供高能量、高蛋白的全价营养配合饲料。在管理上应注意喂易消化的日粮，少喂勤添，不能断水，以充分满足鸡的生理需求。

3. 抗病力弱

雏鸡大脑调节机能不健全，缺乏调节能力，对外界环境的适应能力差，对各种疾病的抵抗力也相对较弱，育雏期若管理不善或稍有疏忽，就容易患病。所以育雏期要尽量隔离或封闭饲养，减少和消灭可能的传染源。

4. 容易脱水

雏鸡体内水分含量高，1 周龄内的雏鸡体内水分含量为75%左右，如果此时的饮水不足或放在干燥空间的时间太长，会造成雏鸡脱水，导致皮肤及其衍生物干燥，不利于雏鸡健康生长，所以在雏鸡运输和存放时间上要特别注意，最好在出壳后 24h 让雏鸡饮上水。

5. 抗应激能力差

雏鸡胆小，有时比较神经质，没有自卫能力，遇外界刺激便乱跑和鸣叫不止，饲养员着装的改变也容易引起鸡群的不安，应引起重视。舍内还应有防兽害尤其是防老鼠的措施，尽量为雏鸡提供安静舒适的环境。

二 育雏期的饲养管理要点

1. 进雏前的准备

进雏前，要根据育雏规模准备好合适的育雏舍、饲料及常用疫苗和抗菌药物等。育雏舍要保温良好，便于通风、清扫、消毒等。

（1）清洗消毒 进雏前对鸡舍的用品、用具进行彻底清洗（包括天花板、门窗、墙壁四周和地面），如图 5-1 和图 5-2 所示，清洗消毒顺序为由上向下、由内到外，可移动设备最好在室外清洗，置阳光下晒干后再放入舍内。不同类型的消毒剂应交替使用，根据使用说明书或在当地兽医的指导下完成。消毒完成后应至少空置 15 天。然后用2%~3%的氢氧化钠溶液喷洒消毒，用消毒液对金属用具、食槽、水槽等进行洗刷消毒，最后用甲醛按每平方米 10~15g 对鸡舍密闭熏蒸 2 天，通风后再进鸡。

图 5-1　清洗门窗、墙壁、窗台

图 5-2　清洗笼具、地面

（2）预温　温度是育雏成败的关键因素之一。雏鸡刚出生时体温调节能力差，必须有适宜的环境温度。在不同的季节要根据外界温度情况对育雏舍进行预温，最好在进雏前一天使育雏区的温度达到 32 ~ 34℃，并保持恒温。

育雏期采取的供温方式有热风炉自动供暖（图 5-3）、保温伞加热（图 5-4）、红外灯加热（图 5-5）、暖气加热（图 5-6）、烟道加热或煤炉加热（图 5-7）等。采用煤炉加热时要采取必要的措施防止煤气中毒等事故的发生。

（3）饮水的准备　要在雏鸡入舍前半天将饮水器内加好水，使雏鸡入舍后可饮到与室温相同的温水，也可将水烧开后凉至室温，以免雏鸡直接饮用凉水导致拉稀。在饮水中添加 3% ~ 5% 葡萄糖或适量电解多维（图 5-8）可以增强鸡的免疫力，阻止病菌传播。

图 5-3　热风炉

图 5-4　保温伞加热

图 5-5　红外灯加热

图 5-6　暖气加热

图 5-7　烟道加热、煤炉加热

（4）饲料、疫苗和药物的准备　进雏前一天要根据饲养规模准备好饲料及常用疫苗，如传染性法氏囊病疫苗、鸡新城疫疫苗、传染性支气管炎疫苗和鸡痘疫苗等。同时准备常用抗菌药物和消毒剂，如过氧乙酸、碘伏、氢氧化钠、新洁尔灭、百毒杀等。

图 5-8　温水中加入电解多维或葡萄糖

2. 初生雏鸡的选择和运输

雏鸡质量直接影响到鸡群以后的生产性能，所以必须认真挑选。一般防疫严格、孵化率高的孵化场的雏鸡质量较好，同一批雏鸡，早孵化出来的雏鸡质量比晚孵出的雏鸡质量好。健康雏鸡（图 5-9）绒毛光亮、眼大有神、活泼好动、反应灵敏、叫声响亮；脐部愈合良好；腹部柔软，卵黄吸收良好；握在手里有反弹力、充实感；喙、眼、腿、爪等无畸形；体重大小适中且均匀，符合品种标准。

图 5-9　健康雏鸡

雏鸡的运输要有专门的运雏车（图 5-10），运雏之前要严格消毒。用专用的雏鸡箱（图 5-11）装运雏鸡。夏天一定要少装，运雏应避开炎热的午后，选择在早晚进行；若早上运雏，应在中午前到

达育雏舍。冬天和早春季节应在中午运雏。运输过程中，要定期检查，避免意外情况的发生。

图 5-10　专用运雏车

图 5-11　专用运雏箱

3. 饲养密度

每平方米容纳雏鸡的只数为饲养密度。饲养密度（表 5-1）的大小直接关系到雏鸡的发育，特别是对鸡群的整齐度影响很大。如果密度过大，雏鸡活动范围小，鸡群拥挤，通风换气不良，采食不均匀，导致生长缓慢，发育不整齐，易感染疾病和形成啄癖，死亡率也增加；如果密度过小，会造成人力、设备等的浪费，增加成本，经济效益低。

表 5-1　蛋鸡育雏期的饲养密度（单位：只/m²）

周　龄	笼　养	平　养
1 ~ 2	55 ~ 60	30 ~ 35
3 ~ 4	40 ~ 50	25 ~ 30
3 ~ 6	25 ~ 35	12 ~ 18

【重要提示】 雏鸡饲养密度的大小应随雏鸡的类型、品种、育雏方式、季节、日龄、通风状况等因素加以调整。具体情况可视环境条件灵活掌握，夏季高温地区、通风降温条件差的饲养场密度应降低。

4. 适宜育雏温度的控制

雏鸡采食饮水的多少、体内各种生理活动和饲料的消化吸收是否正常及对疾病的抵抗能力等都与环境温度是否适宜有直接的关系。育雏室温度的要求见表5-2。

表5-2　育雏室温度

日龄	0~3	4~7	8~14	15~21	22~28
育雏室温度/℃	35~33	33~31	31~27	27~23	23~20

雏鸡从28日龄开始逐渐脱温，一直脱到和育成舍温度接近为止。室温的测定：应将温度计挂在离火炉较远的墙上，高出地面1m处，或者略高于鸡背。

【重要提示】雏鸡脱温有个适应过程，起初白天不加温，晚上供温，经5~7天鸡群适应自然温度后，就可不再加温。切忌突然脱温或温差过大。

雏鸡日龄越小，对温度稳定性的要求越高，初期日温差应控制在3℃之内，到育雏后期日温差应控制在5℃之内。温度控制的原则：

1）对健壮的雏鸡群育雏温度可以稍低些，在适温范围内，温度低些比温度高些效果好，此时雏鸡采食量大、运动量大、生长也快。

2）对体重较小、体质较弱、运输途中及初期死亡较多的雏鸡群温度应略高些。

3）夜间因为雏鸡的活动量小，温度应该比白天高出1~2℃。

4）秋、冬季节育雏温度应该比其他季节高些，当环境温度大幅下降时，应该提高育雏温度。

5）断喙、接种疫苗等给鸡群造成很大应激时，也需要提高育雏温度。

6）雏鸡群状况不佳或处于疾病状态时，适当提高舍温可减少雏鸡的损失。

在育雏过程中，判断育雏温度是否适宜，除了检查温度计的测定值外，还应通过观察鸡群的表现来“看鸡施温”（图5-12）。

温度过高

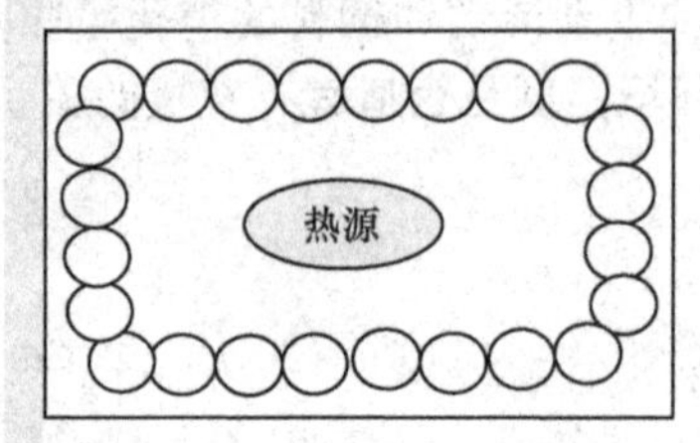

※重要提示

温度过高时，雏鸡远离热源，张口喘气，呼吸急促，两翅张开下垂匍匐网底，饮水量增加而采食量减少。

温度适宜

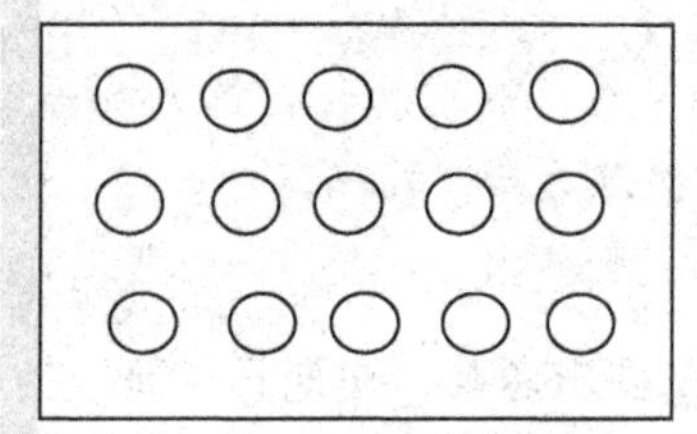

※重要提示

温度适宜时，雏鸡均匀分布在育雏室中，互不挤压，食欲旺盛，饮水适度，羽毛光滑整齐，活泼好动，休息和睡眠时安静，叫声柔和。

温度过低

※重要提示

温度过低时，雏鸡集中在热源附近，扎堆，活动少，羽毛耸起，食欲减退，夜间常有尖叫声，部分雏鸡因拥挤扎堆而被压死，长期低温可使雏鸡生长发育受阻。

图 5-12　温度过高、适宜、过低示意图

5. 饲喂

雏鸡第一次喂料叫开食，开食一般在雏鸡初饮后 2～3h。将饲料均匀地撒在塑料布或浅盘上面，并增加光亮度，诱导雏鸡前来啄食。雏鸡喂料要少喂勤添，随日龄增加，可逐渐减少饲喂次数。开食阶段使用开食盘喂料，以后逐渐改为小鸡料槽和中鸡料槽。料槽的高度应保持与鸡背高度齐平。雏鸡营养要全面，让其自由采食，并且

要经常称重（图 5-13），以保证达到本品种各生长阶段的生长指标。

育雏期使用的饲料要新鲜、全价、优质，且颗粒大小均匀，不要使用过期、霉败、变质、生虫或被污染的饲料。

6. 饮水

雏鸡进入育雏舍后应先饮水，称为初饮。最初几天的饮水最好是温开水，并在饮水中加入 3%～5% 的葡萄糖或电解多维，同时也可以增加一些抗生素。对长途运输的雏鸡来说，更为重要，刚出壳的雏鸡经过长途运输，24h 内体内水分消耗 8%，48h 内消耗 15%，所以要及时补充饮水。1 周后可以饮用自然清洁的水。

饮用水应无污染，要求达到人饮用水标准。也可直接使用自来水或无污染的深井水。饮水器可采用乳头饮水器（图 5-14）、水塔等，饮水器的数量要足够，且要均匀分布，并使饮水器的高度正好适合雏鸡饮用。为了保持雏鸡舍干燥，如果是垫料平养，可在饮水器下放置两块砖，如此能保持饮水器下的垫料干燥。饮水器的大小根据雏鸡周龄更换。2 周龄前用小型饮水器，以后可更换成中型饮水器。饮水器每天清洗 1 次，并进行消毒。

图 5-13　体重监测

图 5-14　乳头饮水器饮水

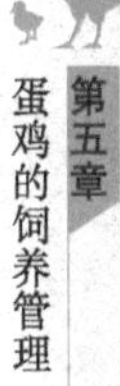

7. 湿度的控制

对 1 周龄以内的雏鸡来说，若湿度过低，雏鸡口渴而大量饮水，易造成腹泻；若湿度过高，鸡舍潮湿，有害气体增加，雏鸡会过早暴发球虫病等疾病。因此，在育雏前 10 天应保持相对湿度在 65% 左

右，可以通过对环境的喷雾消毒提高湿度；10天以后湿度一般不会过低，但是要防止湿度过高，保持在55%左右即可。湿度可以通过调节通风量来调节，通过鸡舍内的干湿温度计来监控。

8. 通风换气

育雏舍通风换气的目的是排出鸡舍内的污浊空气，同时向鸡舍内提供新鲜空气。育雏后期可利用开窗、安装排风扇进行换气，千万不要让冷风直吹雏鸡，以免受凉。鸡舍内空气的质量以人进入鸡舍无明显不良反应为宜。

9. 光照的控制

光照包括自然光照（阳光）和人工光照（灯光）。光照强度对雏鸡的采食、饮水和正常生长发育有很大作用，光照时间的长短与雏鸡达到性成熟的日龄密切相关。在育雏中要求掌握好光照的强度和时间，既要保证雏鸡健康生长，又要防止鸡群过于早熟或晚熟。光照过长或由短变长会促进小母鸡性成熟，过早开产，蛋重轻，产蛋率低，产蛋持续期短；光照过强，鸡表现神经质，易惊群，活动量增大，易发生啄斗、啄羽、啄肛等恶癖。因此，为保证雏鸡的生长发育和产蛋期的生产性能，从幼雏开始就要使用合理的光照方案。

（1）密闭式鸡舍光照方案 这种鸡舍不受自然光照的影响，完全采用人工光照，光照方案比较简单，见表5-3。如果鸡群在前期达不到体重标准，则8周龄前的光照时间应控制在10h，以增加采食时间，促进鸡的生长发育。

表5-3 密闭鸡舍光照方案

雏鸡年龄	1～3日龄	4～7日龄	2～18周龄
光照时间	24h	23h	8h
光照强度	20lx（60～100W的灯泡）		5lx（25～45W的灯泡）

（2）开放式鸡舍光照方案 这种鸡舍白天可利用自然光照，在育雏期和育成期应根据不同的出雏时间制订不同的光照方案，以控制蛋鸡的开产日龄。

制订开放式鸡舍的光照方案很重要。如果在日照时间逐渐缩短的季节育雏和育成，应该在3日龄后10天内将光照时间逐步减少到

18周龄的预产期日照长度，并维持到18周龄，从19周龄开始第一周增加1h光照，以后每周增加光照0.5h，直到每天光照16h为止。

如果在日照时间逐渐延长的季节育雏和育成，最初的1~3日龄可用人工光照补充到23~24h，此后25天内逐步减少，直到自然日照长度，如此持续至18周，第19周开始增加人工光照，第一次增加1h，以后每周增加0.5h，直到产蛋高峰期每天光照16h为止。灯泡之间的间距一般为灯泡离地面高度的1~1.5倍，灯泡交错分布。灯泡要经常擦拭干净，坏灯泡及时更换。1~7日龄光照强度为4~5W/m^2，2~20周龄为2W/m^2，以后为3~4W/m^2。在人工补充光照时，应注意鸡舍开、关灯要准时，补充光照应早晚同时进行，不宜在早晨或晚上一次性进行。

【重要提示】 育雏期和育成期的光照原则是：光照时间只能减少，不能增加，以避免鸡性成熟过早，影响以后的产蛋能力；人工补充光照要稳定。

10. 断喙

断喙时间：断喙可以减少恶癖的发生，也可减少鸡采食时挑剔饲料造成的浪费。断喙一般在6~10日龄进行，此时断喙对雏鸡的应激较小。雏鸡状况不太好时可以往后推迟，青年鸡转入蛋鸡笼之前，对个别断喙不成功的鸡再进行补断。

断喙方法：一般使用断喙器（图5-15）。断喙时左手抓住鸡腿，右手拇指放在鸡头顶上，以拇指顶住其头脑后部，拇指稍用力，固定鸡的头部。食指放在咽下，稍使压力，使鸡缩舌，以免断喙时伤着舌头（图5-16）。一般上喙切去1/2（从喙尖到鼻孔之间），下喙切去1/3。断喙时要求切刀加热至暗红色，为避免出血，断下之后应灼烧2s左右（图5-17），正确断喙一段时间后喙部相对比较整齐（图5-18），断喙处

图5-15　断喙器

理不好则容易造成上下喙不整齐（图5-19）。

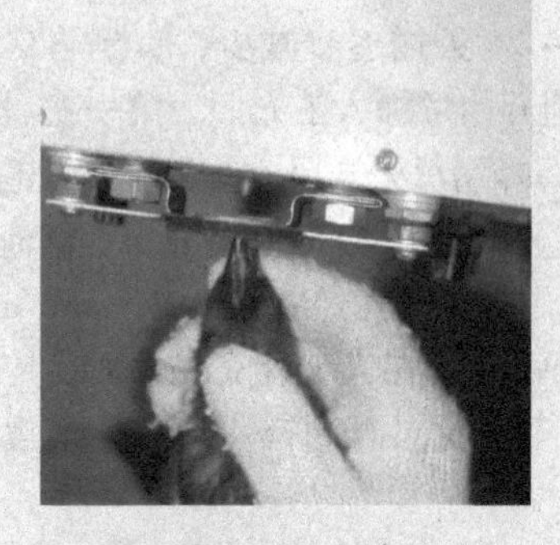

图5-16　断喙

图5-17　灼烧

图5-18　正确断喙

图5-19　不正确断喙

断喙注意事项：

1）断喙前检查鸡群健康状况，如状况不佳，则不宜断喙。

2）断喙对鸡产生相当大的应激，在免疫或鸡群受其他应激等状况不佳时，不能进行断喙。

3）断喙后料槽中应多添加饲料，以免雏鸡啄食到槽底，造成创口疼痛。为避免出血，可在每千克饲料中添加2mg维生素K。

4）注意观察断喙后喙尖继续流血的鸡，应及时补烙，直至全部停止出血。断喙刚完成时已不再出血的鸡，由于断喙后烙烫部位留有黄黑色烙印，雏鸡会相互对啄，致使伤口又出血；或者碰到料槽等硬物，将结痂碰破后出血，此时均需认真观察，及时补烙，防止出血过多。

红外线断喙（图 5-20）：是一种新型的断喙方式。上述传统的电灼断喙方式仍然会对鸡只造成应激，影响其生产性能，且易出血和感染，均匀度较差，需人力也较多。目前市场上有一项新的断喙工艺，该断喙工艺与旧式的断喙方法相比有很大变化，它使用高强红外线光束，对鸡只基本无任何损害。雏鸡在孵化厅进行断喙，其工作原理是用红外线光束穿透鸡喙硬的外壳层（角质层），直至喙部的基础组织。起初，角质层仍保留得完整无缺，保护着已改变的基础组织。一两个星期以后，鸡只正常的啄食和饮水等活动使喙部外层脱落，露出逐渐硬结的内层。红外线断喙是半自动化的操作过程，使用独特的可以固定鸡只头部的面罩，确保操作过程的精确性和连续性。与传统的断喙方法相比，该工艺可以改进鸡群的均匀度和生产性能。

图 5-20　红外线断喙

该设备为半自动化机器，可同时给 4 只鸡断喙。每个操作人员同时可将 2 只雏鸡的头部卡在机器上，然后紧接着再固定 2 只，4 只鸡同时进行断喙，然后机器自动旋转，旋转到断喙部位时机器发出高强红外线光束，断完喙后，雏鸡自动落入雏鸡盒内。创新的断喙

面罩可温柔安全地固定雏鸡头部，便于连续不断准确地进行操作。

新断喙工艺的优越性在于：不会切断或灼烧喙部组织，无任何创面，不出血，不会导致细菌感染，减少鸡只应激，提高鸡群断喙均匀度，减少用户劳动量。

11. 日常卫生管理

育雏舍要注意搞好环境卫生；按照免疫程序做好免疫；及时清粪；定期洗刷喂料器和饮水器。

日常环境消毒：育雏期间应选择对雏鸡刺激性小、消毒效果好的消毒药进行饲养环境消毒和炎热季节时的带鸡消毒，以喷雾方式为好。

第二节 育成期的饲养管理

育雏期末至产蛋前的时间为育成期，这个阶段要求鸡健康无病，体重符合该品种标准，体格发育良好，无多余脂肪，骨骼坚实，体质状况良好，鸡大小均匀、整齐。育成期可以通过合理的光照管理使母鸡适时开产，最大限度地发挥生产潜力。

一 育成期的生理特点

雏鸡进入育成期后，采食量与日俱增，骨骼和肌肉的生长都处于旺盛的阶段。

1. 育成前期

在育成前期，鸡的骨骼、肌肉、消化系统和循环系统的器官生长速度非常快。

2. 育成中期

在育成中期，鸡肌肉的生长仍然很快，但骨骼的生长速度明显慢下来，消化系统的肠道仍生长比较快。生殖系统的各器官开始生长，但强度很小。免疫器官的法氏囊和胸腺生长基本停止。

3. 育成后期

在育成后期，鸡大部分器官的生长基本停止，但生殖系统开始进入快速生长阶段。脂肪沉积能力明显增强。自身对钙的沉积能力有所提高。10 周龄后母鸡卵巢上的滤泡就开始累积营养，滤泡也逐渐长大，到育成后期性器官的发育更加迅速，这一时期的饲养管理水平，在某种程度上决定了产蛋和蛋用性能的优劣。所以在保证鸡群骨骼和肌肉系统充分发育的情况下，严格控制性器官的过早发育，对提高开产后的生产性能十分必要。

二 育成期的饲养管理要点

1. 日常饲养管理

（1）雏鸡转群 一般在6~7周龄时将雏鸡从育雏舍转移到育成舍。转群前要对育成舍周围环境、用具、育成舍内进行消毒。一般在天黑后开始转群。转群前后2天，在饮水中添加电解多维。转群初期注意观察鸡群的反应，包括鸡群吃料和饮水情况，要让所有的鸡都能喝上水、吃上料。

【重要提示】 装鸡筐里一次不能装鸡太多，而且应尽快上笼，以免雏鸡被压死、挤死。

（2）日粮更换 在6周龄末，要对鸡群称重，如果符合标准，7周龄后开始更换饲料；如果达不到标准，可继续饲喂育雏料，直到达标为止。过重和过轻的鸡应挑出来单独饲养，喂不同的料直到达标为止。更换饲料要逐渐过渡（图5-21）。

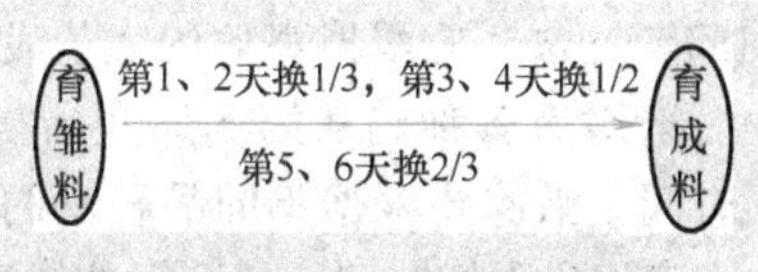

图5-21 日粮更换示意图

（3）预防啄癖 防止啄癖也是育成鸡管理的一个重点。预防的方法不能单纯依靠断喙，应当配合改善舍内环境，饲养密度不能过大，饲料营养全面且平衡。光照不要太强，以白炽灯2W/m^{2}为宜。在体重、采食量正常的情况下如果槽中无料，也可考虑适当缩短光照时间等防止啄癖。

【重要提示】 如果发现有啄癖的鸡，应及时挑出，单独饲养，免得啄癖现象影响全群。

已经断喙的鸡，在16～18周龄转群前，应捡出早期断喙不当或断喙遗漏的鸡，进行补切。

（4）减少饲料浪费 如果为平养，要随时调整料槽（桶）的高度，保证料槽、料桶高度与鸡背平齐；料槽的加料量应不多于1/3，料桶应不超过1/2；饲料不宜过细或过粗；断喙能有效地防止饲料浪费。

（5）产蛋前的准备 经常做好鸡舍的卫生防疫工作，坚持每周用消毒药对鸡舍进行带鸡消毒；认真执行免疫程序；平养鸡在多雨季节做好球虫病防治工作，平养的育成鸡更要注意及时投药预防细菌性疾病，用药不能单一，要经常更换；夏季蚊虫多，应提前做好鸡痘苗刺种；16～18周龄时应提早做好上笼的准备，避免推迟上笼，减少初产应激。

2. 限制饲喂（限饲）

（1）限饲的目的和作用 种鸡育成期限饲的目的在于控制鸡的体重，防止鸡因采食过多而过肥，使得开产体重适宜，适时集中开产；提高种鸡的生活力、产蛋率和受精率；延长种鸡经济利用时期，提高种鸡和雏鸡的品质，提高饲料利用效率，提高经济效益。同时，通过限饲还可以提高育成鸡的均匀度。

（2）限饲的时间和方法 应根据鸡群的生长发育情况和健康状况确定限饲时间。一般对后备种鸡从第7周开始换育成料，从第8周开始限饲。限饲时间、措施要根据不同品种鸡的生长发育状况而定，可参照标准体重表设定限饲时间，达到标准体重后开始限饲。

一般采用每日限饲法，即每天定时定量喂料。实际饲喂量应根据体重增长情况来确定，但因饲料实际营养水平不同、环境条件和应激等因素的影响，不能预先确定喂料量，而应根据鸡群的实际发育状况而定。对育成期鸡的超重要慎重对待，没有必要控制体重恢复到原来的生长曲线，而应按照该体重绘制一条与生长曲线平行的曲线，重新确定增重速度和喂料量，但应掌握不要重新偏离曲线，否则达不到限饲的目的。切忌采取粗暴地减少喂料量的办法来达到减轻体重的目的。在育成期的任何一个喂料日，其喂料量均不能超过产蛋高峰期的日喂料量。

【重要提示】限饲不足达不到目的，限饲过度也会造成鸡群体质下降，开产日龄推迟，降低产蛋率。因此要严格执行限饲的标准。在限饲过程中，鸡群常处于饥饿和营养不足状态，抵抗能力下降，一旦发现鸡群出现疾病，应立即停止限饲，待鸡群恢复健康后，再重新实施限饲。

3. 控制光照

光照强度和时间影响鸡的性发育，对产蛋期的产蛋量、蛋重、受精率、孵化率等都有重要影响，因此合理的光照会有效地调整开产时间及适时达到产蛋高峰。只有在鸡群达到体成熟，累积采食足够的粗蛋白和能量后，才可以进行光照刺激，以使鸡群在适宜的体况和周龄进入产蛋期。

育成期（特别是10周龄以后）不能为长日照。对全封闭鸡舍，维持恒定的光照时间和强度比较容易，而对于开放式鸡舍，应避免长日照，否则易造成过早开产。光照控制参照本章第一节中育雏期的光照控制。

4. 调整均匀度

均匀度是衡量鸡群整体发育均衡情况的重要指标。均匀度低时，要分群饲喂，体重大的限饲程度大些（但喂料量绝不能减少，只能是增料幅度减小，甚至不增加），体重小的可暂停限饲，尽可能地使鸡群个体间的差异减小，以保证鸡开产日龄、产蛋率、蛋重大小相近。

5. 观察鸡群（图5-22和图5-23）

育成过程中，要随时观察鸡群状态，挑出弱残鸡和疫苗反应后遗症鸡只进行淘汰，发现问题及时处理。

图5-22 鸡群观察

图 5-23　残鸡

第三节　产蛋期的饲养管理

商品代蛋鸡产蛋期除放牧饲养外均采用笼养方式。产蛋期饲养管理的要点是尽可能提供一个有利于鸡群高产的适宜环境，让鸡群发挥最大的生产潜力，以获得较理想的料蛋比。

一　产蛋期的生理特点

1. 冠髯等第二性征变化明显

开产前期鸡的冠髯增长迅速，颜色由黄变红，至开产前为鲜红色。

2. 体重的变化

体重是鸡各功能系统重量的总和，所以可将体重视为生长发育状况的综合性指标。各品种都有各自不同的体重标准，转入产蛋阶段，不同品种的要求不同，要定期抽测鸡群的体重。根据体重变化情况及时调整饲料和其他饲养管理措施，使鸡只体况始终处于良好的状态，保证鸡群的高产和高成活率。

3. 生殖机能的变化

生殖机能的成熟和完善是产蛋期与育成期鸡只生殖机能不同之处，生殖机能的成熟和完善主要发生在产蛋前期。18 周龄初级卵泡开始发育，逐渐形成大小不一的生长卵泡，其中 4 ~ 6 个卵泡发育较快，经过 9 ~ 14h 即可发育成为成熟卵泡，到 20 周龄时卵泡达到一定重量，发育成成熟的卵泡开始排卵。在卵巢快速生长发育的同时，输卵管、子宫也在快速发育生长，具有了接纳卵子，分泌蛋白、膜壳的机能。卵巢排出的卵子被输卵管伞部接纳，进入输卵管，在输卵管蛋白分泌部裹上蛋白，经峡部时形成内、外两层壳膜，然后进入子宫，形成硬蛋壳。当蛋壳完全形成后，再被覆盖上角质膜，这样一个蛋便完全形成，并很快被排出体外。

4. 鸣叫声的变化

快要开产和离开产日期不太长的鸡，经常发出“咯咯”悦耳的长音叫声，鸡舍里此叫声不绝，说明集群的产蛋率会很快上升了，此时饲养管理要更精心细致，要特别注意避免突然应激情况的发生。

5. 皮肤色素的变化

产蛋开始后，鸡皮肤上的黄色素呈现逐渐有序的消退现象。其消退顺序是眼周围→耳周围→喙尖至喙根→胫爪。高产鸡黄色素消退的快，低产鸡黄色素消退的慢。停产的鸡黄色素会逐渐再次沉积，所以根据黄色素消退情况，可以判断产蛋性能的高低。

6. 产蛋规律的变化

产蛋情况的变化是生理变化的产物，直接地反映出鸡的生理状况。开产过早过晚，都是饲养管理有问题所造成的，随着育种的进展，现代蛋用品种鸡的开产日龄逐渐提前，只要鸡群体重、体尺达标，整齐度好，提早开产是提高产蛋量的有效途径之一。

二 产蛋期的饲养管理要点

1. 转群前的准备工作

产蛋鸡在16周龄左右要上蛋鸡笼。转群前应对产蛋鸡舍进行彻底清洗消毒，并在转群前2~3天，打开门窗通风，准备好抗应激和抗菌药物。转群后要注意观察鸡群的动态。

1）炎热季节转群最好在夜间进行，抓双腿，不能抓翅膀，转群后立即使鸡群饮水，2~4h后采食。

2）转群时在饲料或饮水中添加抗生素和电解多维，连用3天；经1周左右的适应后，依次进行产蛋前的新支减和禽流感疫苗的预防注射、补充光照、换料，转群前不喂料。

2. 产蛋期的日常管理

（1）预产期的饲养管理 种鸡开产前有一个过渡期即预产期，

也就是种鸡从限制饲喂结束到产蛋这个阶段。应及时转入产蛋鸡舍，过渡至蛋鸡料。让鸡群有足够的时间适应和熟悉新环境。预产期应根据种鸡的性成熟程度和开产日龄的差距逐渐增加每周的喂料量，直至正常采食量为止。此期饲料中应有较高的营养水平，使鸡群各器官进一步迅速发育成熟，并使鸡体内存积一定量的钙，提高初产期鸡蛋的品质，保证产蛋高峰平稳持久。

预产期还应逐渐延长光照时间，增强光照强度（$3W/m^2$）。直至每天光照时间达到16h，以后保持稳定，不再增加光照。光照时间的增加从19周龄到产蛋终结，按照18周龄末时的自然光照时间，采取下面三种方法的一种进行人工补充光照：如果在18周龄末时的自然光照时间不到10h，则在19及20周龄各增加1h，以后每周再增加0.5h，到每天光照达到16h为止；如果在18周龄末时的自然光照时间超过10h，但不足12h，则在19周龄时增加1h，以后每周增加0.5h，直到每天光照达到16h为止；如果18周龄末时的自然光照时间在12h以上，则自20周龄起每周增加光照0.5h，直到每天达到16h为止。灯泡应在鸡舍上方均匀分布，灯泡悬挂在距地面2m高的地方。

（2）产蛋期的饲养管理 喂料量应根据实际产蛋率的变化情况及时调整，以维持持续的高产稳产。一般情况下，从鸡群开产到产蛋高峰这一阶段，采用自由采食，产蛋高峰过后实行限饲。这一阶段限饲应谨慎，避免过度限饲，影响产蛋率。

产蛋期的喂料量主要依据产蛋情况来决定，产蛋量高，则喂料量多，如果喂料量掌握不好，会严重影响母鸡的产蛋性能，特别是产蛋高峰前期的饲养非常重要。母鸡初产后，应逐步增加饲喂量，当鸡群产蛋达到50%后，喂给高峰期饲料量（喂料量应逐步增加）。在炎热夏季，采食量会下降，要调整日量的营养浓度，以满足夏季蛋鸡的营养需要，在寒冷的冬季需要补充能量，增强机体的抵抗力。

（3）产蛋后期的饲养管理 产蛋高峰过后，随着产蛋量的下降应逐渐减少投料量，以免脂肪沉积过多，影响产蛋率。但产蛋高峰过后，蛋壳品质往往变差，破蛋率增加，可以在饲料中额外添加贝壳砂或粗粒石灰石，改变蛋壳品质。添加维生素 D_3 促进钙、磷的吸收。

3. 产蛋期的光照管理

产蛋鸡的光照要保持 16h 的恒定光照，预产期光照增加到 16h 之后要保持恒定直至整个产蛋期结束。

4. 饲养密度与通风、降温

目前使用较多的是可容纳 3 ~ 4 只鸡的鸡笼，体型稍大的每笼 3 只，体型小的每笼 4 只。每个鸡笼配置一个饮水乳头。蛋鸡舍应保持通风良好，尤其在寒冷的冬季，既要保持舍内温度恒定，又要使鸡舍内有新鲜空气流通，避免穿堂风。夏季高温对鸡的产蛋影响较大，因此要采取降温措施，通常采用湿帘风机进行降温。

5. 捡蛋

每天及时收蛋，可采用传送带自动集蛋（图 5-24）或人工捡蛋（图 5-25）方法进行，增加收蛋次数，可减少破蛋和脏蛋；捡蛋要轻拿轻放；不合格蛋分开存放，包括过大蛋、过小蛋、过长蛋、圆形蛋、软壳蛋、无壳蛋、沙壳蛋、脏蛋等（图 5-26）。

图 5-24 传输带自动集蛋

图 5-25 人工捡蛋

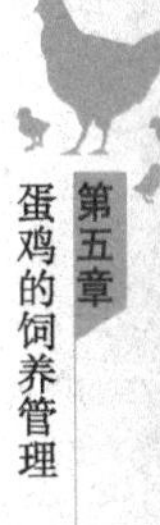

6. 随时观察鸡群

每天要随时观察鸡群状态、采食情况、粪便情况。如发现精神委顿、羽毛不整、粪便异常等异常情况时要及时处理。

夜间关灯后，饲养员要仔细倾听鸡只的动静，检查有无呼吸异常声音，当发现有咳嗽、打呼噜、甩鼻和打喷嚏者应及时拿出进行

隔离或淘汰，防止扩大感染和蔓延。观察有无啄癖鸡（图5-27），一旦发现被啄癖要及时隔离开（图5-28），并检查引发啄癖的诱因。随时观察有无脱肛鸡，如有要及时挑出，严重的直接淘汰。

图5-26　破蛋、软壳蛋、畸形蛋和沙壳蛋

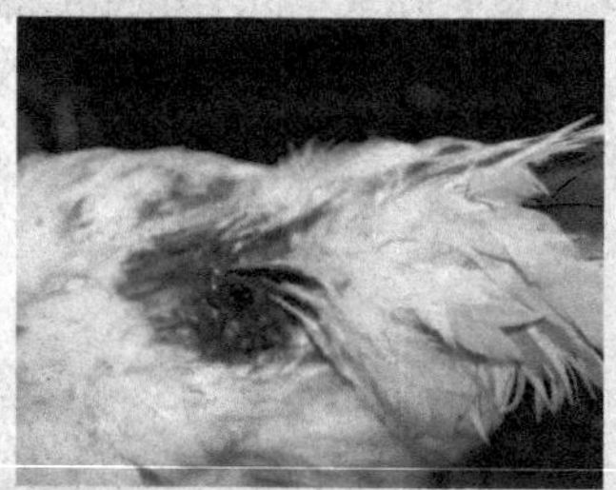

图5-27　啄癖

图5-28　单独隔开

挑出停产鸡和低产鸡，产蛋鸡鸡冠红而饱满，停产的鸡表现为鸡冠苍白、冠小而萎缩（图5-29）；耻骨间距小，如果耻骨间距在2

指以下，可能是低产鸡或停产鸡（图5-30）；腹部容积小，也可用指宽来衡量，从鸡的胸骨末端到耻骨末端的间距，如果间距在3指以下，且腹部不柔软，可能是低产鸡或停产鸡，高产鸡容易翻肛（图5-31），而低产、不产蛋鸡则不宜翻肛（图5-32）。

产蛋鸡鸡冠红而饱满　低产或不产蛋鸡鸡冠萎缩、发白

图5-29　鸡冠对比图

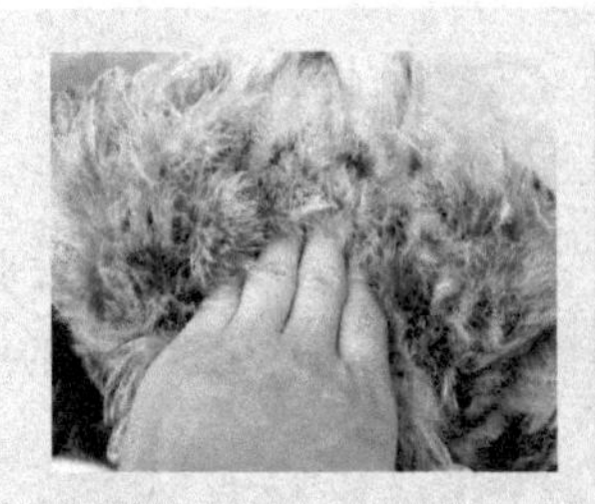

产蛋鸡——耻骨间距大于3指　不产蛋鸡——耻骨间距小于2指

图5-30　耻骨间距对比图

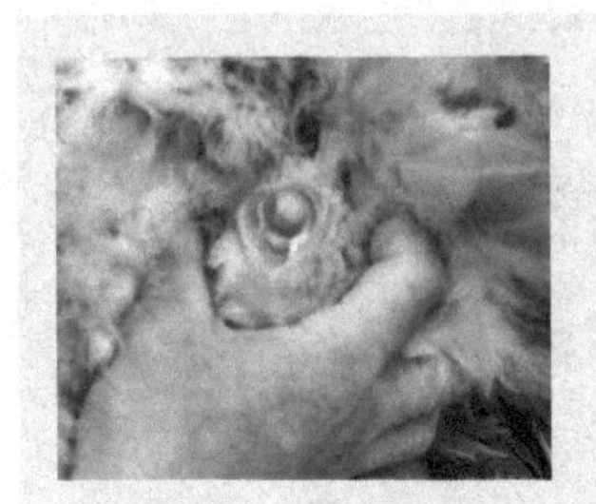

图5-31　高产鸡易翻肛

图5-32　低产、不产蛋不能翻肛

7. 做好生产记录

做好生产记录是饲养管理的一项重要工作，每批鸡上雏鸡之前，要准备好鸡舍记录表（表5-4～表5-11）。饲养过程中记录：鸡只来源、入舍日期、存栏数量、死淘数、免疫情况、鸡群健康状况、发病原因、死亡情况、用药情况、病死鸡的无害化处理情况、消毒情况、饲料来源、耗料量、产蛋量、产蛋率等。管理人员必须经常检查鸡群的生产记录，绘出每个批次的实际产蛋曲线，与标准产蛋曲线相比较。如果偏离标准曲线，应及时查明原因，解决饲养管理中存在的问题。

表5-4　引种记录　　舍别：

品种名称	进雏时间	数量	引种单位	详细地址	电话	种畜禽生产经营许可证号

表5-5　免疫记录　　舍别：

免疫时间	疫苗种类	疫苗厂家	疫苗批号	免疫方法	免疫剂量	免疫负责人

表5-6　消毒记录　　舍别：

消毒时间	消毒剂名称	消毒剂用量	消毒方法	消毒负责人

表 5-7　鸡舍出现状况时记录　　舍别：

时间	鸡群状态	吃料变化	饮水变化	解剖症状	兽医诊断结果	建议用药	兽医签字

表 5-8　用药记录　　舍别：

用药时间	药物名称	生产厂家	生产批号	药物用量	使用方法	停药时间	负责人

表 5-9　死淘记录及处理方法　　舍别：

时间	死淘数量	死淘原因	处理方法	处理人

表 5-10　用料记录　　舍别：

进料时间	进料数量	饲料名称	饲料生产厂家	饲养员

表 5-11　产蛋记录　　　　舍别：

日期	周龄	存栏母鸡数	喂料	产蛋数	其中：破蛋、软蛋等	产蛋率

第六章 蛋鸡的疾病防治

第一节 生物安全措施

养鸡场生物安全：是把可以引起鸡群发病的一切病原微生物和害虫等排除在鸡场之外的一系列安全措施。这些有害生物包括：病毒、细菌、真菌、原虫、寄生虫、昆虫、啮齿动物和野生鸟类等。鸡场生物安全体系是系统化的管理，可减少外界疾病因素进入养鸡场或在养鸡场内鸡群之间传播，使鸡群远离致病因素。

生物安全与传染病三大要素（传染源、传播途径、易感动物）之间密切相关，生物安全贯穿在传染病三大要素中间，具体关系见表6-1。

表6-1 生物安全与传染病三大要素的关系

传染病三大要素		生物安全措施的作用
传染源	外部	阻挡（隔离、消毒）
	内部	杀灭、清除、净化
传播途径		切断（隔离、消毒）
易感动物		免疫、提高机体抗病力

【重要提示】 蛋鸡比肉鸡生产周期长，生物安全措施需要长抓不懈，不能存在侥幸心理，把生物安全措施贯彻到日常管理中的每一个环节。

具体涉及的生物安全的重要事项主要包括以下近30项内容（表6-2），注重检测以下内容是否达到生物安全的要求。

表6-2 涉及生物安全的各项内容

鸡场及周围环境	鸡场设计	交通管制（人员、车辆）	警示牌
出入登记	车辆消毒	沐浴与更衣	手的清洗和消毒
工作服及靴鞋消毒	野鸟/鼠类/害虫	庭院家禽及宠物	鸡舍、设备及车辆清洗程序
水质及消毒	饲料品质及消毒	料线及水线卫生	通风及控温
死淘鸡处理	鸡粪处理	全进全出制	混养家禽种类
垫料管理	空舍期及管理	养鸡设备维修及保养	鸡群的健康状况
病原体性质	疾病传播途径	家禽免疫体系的状况	免疫程序及免疫接种
药物使用	疾病监控体系		

二 科学的饲养管理

蛋鸡的饲养管理主要包括育雏、育成和产蛋期的饲养管理、科学的光照程序、合理的日粮配方和严格的防疫程序。

1. 抓好育雏关，培育优质健壮的雏鸡

根据近年来国内外的大量研究证明，雏鸡的体重与产蛋期的各主要性能指标呈很强的正相关。因此，育雏期必须采用高温育雏，即1～2日龄33℃；3～4日龄32℃；5～7日龄30℃；8～14日龄28℃；以后每周降3℃，直到21℃。要供给优质的全价饲料，在8～9日龄进行断喙。

2. 育成期要重点抓体重控制，提高鸡群均匀度

经研究证实，16周龄的均匀度与产蛋的持久性及成活率呈正相关。育雏期由于供给优质全价饲料，雏鸡充分发育，体重相对较大。进入育成期必须通过限饲，将体重控制在饲养标准规定的范围内，并将鸡群的均匀度提高到85%以上。

3. 产蛋期要提供稳定的生产环境，以防止鸡体过肥为重点

创造蛋鸡适宜的生活环境。要让产蛋鸡多产蛋，就必须想法尽量给鸡创造一个适宜的生长和产蛋环境，要根据不同季节的变化规

律，而采取相应的配套的饲养管理措施。在夏季高温高湿季节，要注意做好防暑降温；进入冬季，要特别注意做好鸡舍的防寒保温和人工补充光照，舍内温度应维持在13℃以上，光照15～16h，饮水适当提温，不饮冰冷水。

4. 科学的光照管理

良好的光照程序，可以促进蛋鸡多产蛋，增加蛋重，能提高成活率和养鸡经济效益。适宜的光照管理是：1～3日龄给予24h光照，以利于摄食，后逐渐转为恒定光照或自然光照；进入育成期后，采取以自然光照为主，有条件的可采取密封遮光的恒定光照8～12h。18周龄至少给予13h的光照刺激，以后每周或每两周增加15～30min至16h为止。光照时间增加过快，会引起脱肛、啄肛等不良现象的发生。产蛋鸡舍的光照强度一般控制在10～20lx之间，产蛋期不可减少光照时间和强度。

5. 科学配制蛋鸡日粮，提高饲料利用率

饲料配方不科学，一是日粮营养不全面，导致有的营养成分过多而浪费，有的过少而营养不足，从而影响产蛋率；二是易加大饲料配方成本，不能因地制宜随时调配当地饲料原料；三是不能满足不同产蛋季节鸡对能量和各种营养物质的需要，如夏季饲料配方的代谢能要比冬季配方低，否则不仅浪费饲料，而且影响鸡的新陈代谢和采食率。因此，采取科学的日粮配方是提高饲料报酬的一条重要措施。

6. 注意做好鸡病预防工作

减少死鸡和杜绝疫情发生，这是养鸡成败的关键。要按照科学的控制鸡病发生的卫生防疫程序，根据不同鸡的日龄，分别注射各种疫苗，同时对鸡舍、用具采取定期药物消毒，及时清除舍内粪便，鸡舍周围要做好灭鼠，防止老鼠和麻雀进入舍内带进疫情。为了减少疫情传播的机会，应尽可能减少人员的进出，不准陌生人进入鸡舍，谢绝参观，以确保鸡场安全经营。

【常见误区】 蛋鸡按照肉鸡饲养方式去管理。蛋鸡目标是产蛋率高，产蛋高峰维持时间长，要合理控制体重。

二 健全卫生防疫制度

养殖场卫生防疫技术规程有几十个重点环节和项目，各场应根据自己的实际情况制订出有效的实施细则。

1. 隔离制度

养殖场应采取严格的隔离措施。养殖场应选择在完全可以隔离的地方，要远离交通要道和居民点2km以外。养殖场内鸡舍之间的距离至少要相隔20m。鸡群必须按批次、年龄和品种分开饲养，坚持全进全出的饲养制度，以防疫病的交叉感染。

2. 谢绝参观

养殖场原则上应谢绝一般外来人员进入鸡舍区域内的参观、学习等，特殊情况必须经鸡场卫生防疫工作小组责任人同意签字，并要参照消毒防疫程序进更衣室更衣后，由专人陪同下方可入场。

3. 严格消毒

饲养员进出鸡舍区域之前必须经配备有紫外线或有效消毒程序的更衣室内更衣，双手经消毒水清洗后，穿上工作服、口罩、帽、手套和胶鞋。经过消毒池或消毒垫后方可进入各自鸡舍，严禁互相串棚。

4. 清扫制度

按规定时程进行料槽、水槽的清洗消毒。鸡舍配备的器具严禁相互混用。鸡舍的清扫保洁要认真到位，清扫各死角污物，并喷洒消毒，换下的确实不能使用的草窝等物必须在规定地点焚烧。鸡场区域内严禁喂养其他家畜、家禽，避免引起交叉感染。鸡舍外卫生责任包干区域每日清洁消毒一次，整区内的大卫生保洁、消毒程序每周一次。场内定期做好各年龄群体的疫苗接种，并要有切实、精确的记录，建档备案。

5. 发病后隔离措施

设专用消毒池、垫和专用器具。要配备经培训过的专职人员管理。一旦有重症或传染病疫情出现，场卫生防疫工作小组责任人要在落实养殖场全程严密消毒、隔离措施的同时，报当地兽医卫生监督站和本协会卫生防疫工作领导小组备案。

【特别提示】 健全的卫生防疫体系，是做好生物安全的重要保障之一。

三 消毒

鸡场消毒是做好生物安全措施最关键的一个环节，消毒效果好坏直接关系到场外微生物能否传入到鸡场，鸡场外消毒大大降低场外病原进入鸡场机会，鸡舍内消毒保证鸡舍内已经存在的病原微生物控制在一定范围内，不致暴发疾病。消毒的目的就是消灭被传染源散播于外界环境中的病原体，切断传播途径，阻止疫病继续蔓延。与用药物疫苗防治相比，不仅鸡群更安全，还可以有效地降低成本，减少药物残留，是家禽饲养的关键环节。在实际操作中，常由于不能正确地掌握消毒方法，而影响了消毒效果。

1. 常用消毒方法

鸡场常规消毒方法有物理和化学两种。

（1）物理消毒 包括高温、干燥、紫外线、火焰等。

（2）化学消毒 包括喷淋、浸泡、熏蒸、饮水、拌料等。

2. 常用消毒药物

养殖场经常使用的消毒药有：季铵盐类、碘类、碱类、酸类、氧化剂类等。在使用一定时间后要更换一种效力相当的消毒药，消毒效果会更好。例如，过氧乙酸多用于空舍、环境消毒；臭氧多用于饮水、环境消毒；二氯异氰多用于工具、环境、饮水消毒；漂白粉多用于饮水消毒；季铵碘或季铵盐多用于带鸡、环境、人员消毒；氢氧化钠多用于环境消毒。

3. 出入人员消毒

衣服、鞋子都可能是细菌和病毒传播的媒介，在养殖场的入口处，设置专职人员消毒、脚踏消毒槽（池）（图6-1）、紫外线杀菌灯（图6-2），对进出的人员实施照射消毒和脚踏消毒。人员进入生产区或生产车间前必须淋浴消毒，换上生产区清洁服装后才能进入，进鸡舍之前再次换鞋。

4. 进出车辆消毒

运输饲料等车辆是养殖场经常出入的运输工具，这类物品由于

面积大、所携带的病原微生物也多，因此对车辆更有必要进行全面的消毒。为此，养殖场门口要设置消毒池（图6-3），消毒池要有足够的深度和宽度，至少能够浸没半个车轮且能在消毒池里转过2圈，消毒池里的消毒药要定期更换。

图6-1 脚踏消毒槽（池）

图6-2 紫外线杀菌灯

图6-3 鸡舍门口消毒池

【特别提示】无论哪种消毒方式，必须保证消毒效果，否则，虽然消毒了，但是消毒效果不好，病原微生物没有被杀死，鸡群照样会发病。

四 免疫接种

通过不同的免疫方法，给没有发病的鸡群注射疫苗，让鸡群获得特异性抗体，防止鸡群暴发某些传染病，如禽流感、新城疫等。通过疫苗免疫是目前国内预防鸡群感染禽流感等传染性疾病的一种有效措施。建立合理的基础免疫程序（表6-3）；每批禽入舍前，根据季节、环境、来源、健康、抗体、疫情、疫苗等实际情况，对基础免疫程序合理调整，确立本批禽的应用程序；重视常见病的药物预防；加强日常管理、营养和饮水管理，合理使用抗应激药物，减少应激，尤其要减少接种疫苗时的应激。

表6-3 蛋鸡推荐免疫程序

日龄	疫苗	使用方法	用量
1日龄	MA5+CL30	滴鼻、点眼	1羽份
6日龄	断喙		
9日龄	28-86（传支）	滴鼻、点眼	1羽份，新支流H9 0.3mL
12日龄	法氏囊	滴口	1.5羽份
19日龄	法氏囊	饮水	2羽份
24日龄	四系	滴口	2羽份，新城疫油苗0.5mL
35日龄	H5N1（RE-5+RE-4株）	肌内注射	0.5mL
55日龄	I系+新流疫苗	肌内注射	2羽份，0.5mL
85日龄	H5N1	肌内注射	0.6mL
90日龄	四系	饮水	4倍量
100日龄	新流二联+脑炎	肌内注射	0.6mL，1倍量
110日龄	H5N1+鸡痘	股注、刺种	0.7mL，2倍量
120日龄	新支减油苗+I系	肌内注射	0.7mL，2倍量
130日龄	H9	肌内注射	0.7mL
190日龄	四系	饮水	2.5倍量

免疫接种不可能使群体中所有个体都产生完全的保护，免疫接种只能减少发病几率，不能彻底消灭鸡群中已经存在的病原。有限疫苗的研制速度赶不上病原变异速度，尤其在免疫压力下。如果鸡群暴露在病原包围的环境中，即使接种过疫苗，仍可能感染和发病，消除传染源是首要工作，免疫接种是最后一道防线。

1. 疫苗选用和储运

根据饲养家禽的数量，准备足够完成一次免疫接种所需要的同一厂家、同一批次的疫苗，尽可能选用与当地流行毒株血清型或血清亚型相同的疫苗。

疫苗的储存：灭活疫苗冬季要注意防冻。灭活疫苗应在20℃以

下避光储存，有条件的可在2~8℃冷藏储存（图6-4）；活疫苗要按保存条件要求冷冻或冷藏储存（图6-5）。

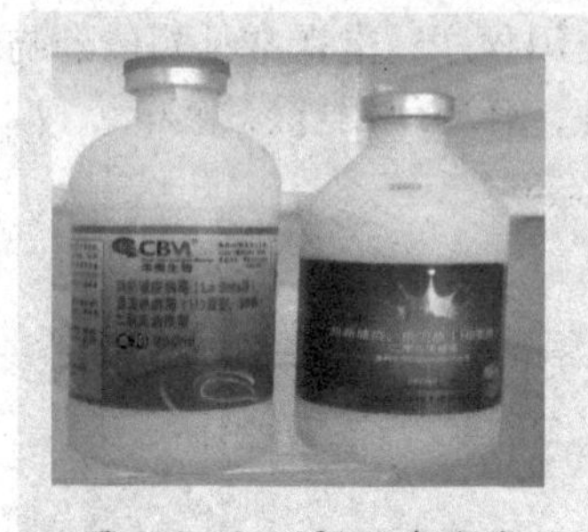

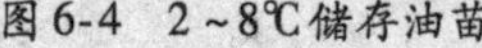
图6-4　2~8℃储存油苗

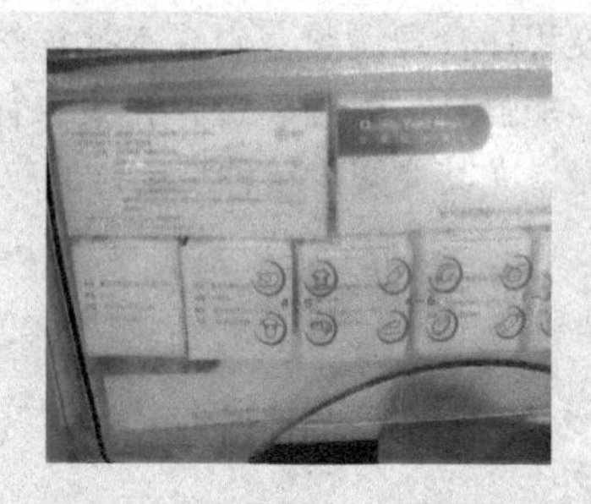

图6-5　活疫苗储存在-20℃的冰箱内

2. 疫苗使用要求

疫苗的检查：疫苗使用前应仔细核对疫苗的抗原亚型，详细记录疫苗名称、生产厂家、生产批号和失效日期。出现瓶盖松动、包装破损、破乳分层、颜色改变、超过保存期、色泽与说明不符、瓶内有异物、发霉等现象的疫苗，不得使用。

疫苗的预温：灭活疫苗接种前应将疫苗置于室温（22℃左右）2h左右，充分混合均匀，疫苗启封后，应于24h内用完；活疫苗应现用现配，饮水免疫要保证疫苗在2h内饮完。

免疫方法选择：活疫苗采用点眼（图6-6）、滴鼻、饮水和注射（图6-7）等途径免疫；灭活疫苗可根据鸡只日龄选用颈部皮下、胸部浅层肌内或大腿外侧肌内注射免疫。

图6-6　点眼免疫

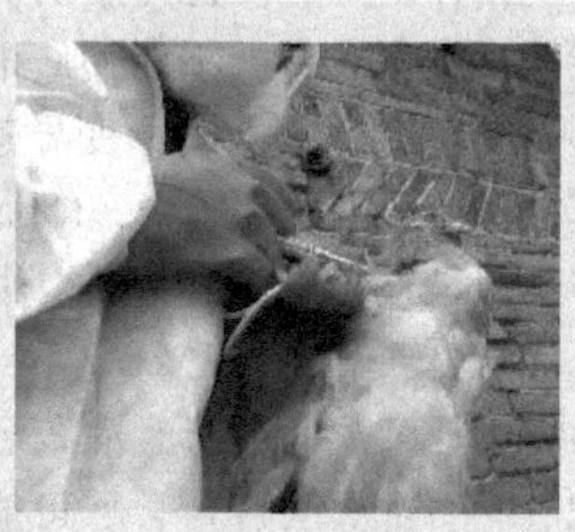

图6-7　注射免疫

药物防治不是鸡场首选的措施，只是配合生物安全和疫苗防疫的一种补充措施。鸡场应该合理用药，用药前要做好药敏试验，根据药敏结果来用药，不能随意加大或者减少药品的用量。鸡场常见用药原则有以下几点：

（1）严格掌握适应症 选用抗微生物药物时应结合临床诊断、致病微生物的种类及其对药物的敏感性，并根据症状，选择对病原微生物高度敏感和临床疗效好、不良反应较少的药物。

（2）制订合理的给药方案 应用药物治疗微生物感染时，必须制订合理的给药方案，如适当的给药方法、药物剂量、给药间隔时间及疗程等。抗菌药物的剂量不宜太大或过小，剂量太小起不了治疗作用，剂量太大，不仅造成浪费，还可能会引起严重的不良反应。一般来说，开始剂量宜稍大，以后可根据病情而适当减少药量；对急性传染病和严重感染症剂量应增大；对肝、肾功能不良病畜应按所用药影响肝、肾程度而酌减用量；主要经肾排泄的药物，治疗泌尿系统感染时，用量亦不宜过大。

抗微生物药物的疗程应充足，一般感染性疾病应连续用药3～5天，症状消失后，再用1～2天，以巩固疗效，切忌停药过早而导致疾病复发，磺胺类药物的疗程应更长一些。应选择适当给药途径，严重感染和全身感染多采用注射给药，对内服吸收良好的药物也可内服给药，消化道感染以内服为宜，但严重消化道感染有引起菌血或败血症时，应选择注射或注射与内服并用，乳腺炎及子宫内膜炎多采用局部注入法。

（3）避免耐药性的产生 在临床治疗中，必须注意防止细菌产生耐药性，并控制耐药菌的传播。其主要措施有：严格掌握药物的适应症，不滥用抗菌药物；剂量要充足，疗程要适当，以保证有效血浓度控制耐药菌的发展；发热原因不明的疾病和病毒性疾病，不宜轻易应用抗菌药物；必要时可采取联合用药，尤其对严重感染和有一定耐药性的细菌引起的感染；应尽量避免抗菌药物的局部应用和预防性给药。

（4）必须强调综合性治疗措施 抗菌药物对病原菌的抑制或杀灭对疾病的痊愈无疑发挥了重要作用，但清除致病菌需要依靠机体

的各种免疫机制。机体的全身状况及内在免疫机制对感染性疾病的发生、发展和转变往往起着决定性的作用。因此，在使用抗菌药物的同时，必须采取各种综合措施，改善患者的全身状态，如改善饲养管理，以及增强机体抵抗力的各项措施；采取适当必要的对症治疗手段，纠正水、电解质紊乱等。

【特别提示】药物不是万能的，完全依靠药品养鸡是不现实的，只有做好生物安全和科学管理，合理地使用部分药物才是正确的。

第二节　蛋鸡常见病的防治

一　禽流感

禽流感（Avian Influenza，AI）是由禽流感病毒（AIV）引起的禽类传染病。高致病性 AIV（HPAIV）可引起鸡群大量死亡，低致病性 AIV（LPAIV）只引起少量死亡或不死亡，表现为生长障碍和产蛋下降。我国鸡群中的 HPAIV 以 H5N1 亚型为主，LPAIV 以 H9N2 亚型为主。

1. 流行特点

本病的传播以直接接触传播为主，被患禽污染的环境、饲料和用具均为重要的传染源。病禽和带毒的禽类都可能是引起禽流感的传染源。感染禽从呼吸道、眼分泌物及粪便中排出病毒。经口食入或经气溶胶吸入病毒是主要的传播途径。本病以水平传播为主。不同品种的鸡对 AIV 易感性各不相同，而肉鸡比蛋鸡更敏感，肉鸡感染后的死亡率达 40% ~60%，蛋鸡的死亡率多数在 2% ~20% 之间。

2. 临床症状

HPAIV（以 H5N1 亚型为例）感染可导致鸡群的突然发病和迅速死亡。病鸡高度精神沉郁，采食下降，呼吸困难；鸡冠和肉垂水肿，发绀，边缘出现紫黑色坏死斑点（彩图 21）；腿部鳞片出血严重（彩图 22）；产蛋鸡产蛋迅速下降，软壳蛋、薄壳蛋、畸形蛋迅速增多；有些鸡群感染后没有出现明显的症状即大批死亡。

LPAIV（以 H9N2 亚型为例）感染引起发病鸡群精神沉郁，羽毛

蓬乱；采食量减少；流鼻液，鼻旁窦肿胀；眼结膜充血，流泪。

3. 病理变化

气管充血、出血（彩图23）；胰腺出血、坏死（彩图24）；心冠脂肪出血（彩图25），心肌出血（彩图26）。产蛋鸡的生殖道病变：发病前期，卵泡充血、出血（彩图27），输卵管内有黏液（彩图28），有的卵泡变形、破裂，卵黄液流入腹腔，造成卵黄性腹膜炎。

4. 诊断方法

根据临床症状和病理变化可以初诊，确诊必须依靠病毒的分离鉴定和血清学试验。病毒分离阳性者再用禽流感特定型血清做血凝抑制试验（HI）试验，以确定病毒的血清亚型。血清学试验包括琼脂扩散试验（AGP）、血凝抑制试验（HI）、神经氨酸酶试验（NIT）。

5. 防治措施

免疫接种是目前我国普遍采用的禽流感预防的强有力措施。养禽场必须建立完善的生物安全措施，严防禽流感的传入。

高致病性禽流感一旦暴发，应严格采取扑杀措施。封锁疫区，严格消毒。低致病性禽流感可采取隔离、消毒与治疗相结合的治疗措施。

> 【特别提示】 禽流感是蛋鸡最重要的一个病毒性疾病，特别是开产后的鸡群，抵抗力降低，更要提前做好禽流感预防措施，因为禽流感没有特效治疗方法。

二 新城疫

新城疫（ND）是由新城疫病毒（NDV）引起的鸡和火鸡的高度接触性传染病。1926年首先发生于印尼爪哇岛，同年也发现于英国新城县，故命名为新城疫。

1. 流行特点

病鸡和隐性感染鸡是主要传染源，可通过呼吸道和直接接触两种方式传播。本病主要传染源是病鸡和带毒鸡的粪便及口腔黏液，被病毒污染的饲料、饮水和尘土经消化道、呼吸道或结膜传染易感鸡是主要的传播方式。本病一年四季均可发生，以冬、春寒冷季节

较易流行。不同年龄、品种和性别的鸡均能感染，但幼雏的发病率和死亡率明显高于大龄鸡。

2. 临床症状

本病的潜伏期为2～15天，平均5～6天。发病的早晚及症状表现依毒力、宿主年龄、免疫状态、感染途径及剂量而有所不同。蛋鸡多发生非典型新城疫：病情比较缓和，发病率和死亡率都不高；临床表现以呼吸道症状为主，排黄绿色稀粪（彩图29），继而出现歪头、扭脖或呈仰面观星状等神经症状（图6-8）；成鸡产蛋量突然下降5%～12%，畸形蛋增加（图6-9）。

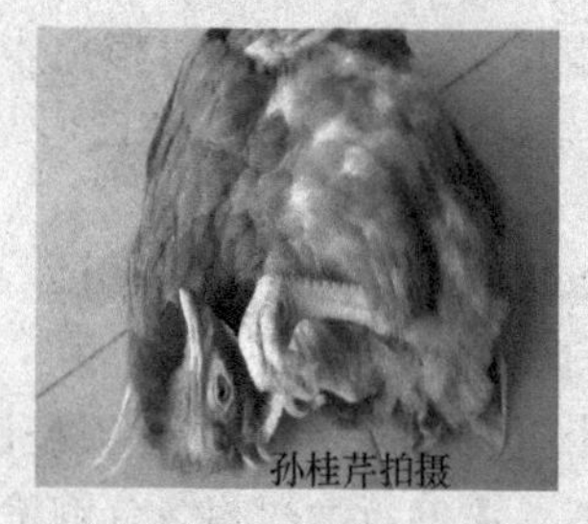

图6-8　神经症状

图6-9　畸形蛋

3. 病理变化

食道和腺胃交界处常有出血带或出血斑、点，腺胃黏膜水肿、乳头及乳头间有出血点（彩图30），腺胃与肌胃交界处的黏膜上可见出血和溃疡；整个肠道充血或严重出血，肠道黏膜密布针尖大小的出血点，肠淋巴滤泡肿胀（彩图31），常突出于黏膜表面，直肠和泄殖腔黏膜充血、条状出血。

4. 诊断方法

根据临床症状、流行特点和剖检变化可作出初步诊断。通过血清学实验检测抗体的均匀度和比较发病前后间隔10～14天血清的新城疫抗体效价，以及病毒的分离鉴定和RT-PCR方法进行实验室诊断。

5. 防治措施

加强养殖场的隔离消毒和做好鸡群的免疫接种是预防本病的有

效措施。一旦发生ND疫情，对病死鸡深埋，对环境消毒，防止疫情扩散。同时对周围禽群进行紧急疫苗接种。雏鸡可用Ⅳ系或克隆30疫苗，4倍量饮水；中雏以上可以肌内注射Ⅰ系疫苗或Ⅳ系或克隆30疫苗，4倍量饮水。

【常见误区】蛋鸡暴发新城疫时，一般都是非典型性，不表现典型症状，容易引起误诊。

三 传染性支气管炎

传染性支气管炎（IB）是鸡的一种急性、接触性传染病。根据病变类型，可将IB分为：呼吸道型、肾型、肠型和肌肉型等，以呼吸道型发病最多。

1. 流行特点

本病仅感染鸡，其他家禽不感染。2～6周龄的鸡最易感染肾型IB，成鸡很少感染肾型IB。本病一年四季均可发生，以冬、春季节较严重。病鸡是主要的传染源。病毒由分泌物和排泄物排出体外，并能在鸡群中迅速传播。

2. 临床症状

产蛋鸡感染IBV后，产蛋下降，产软壳蛋、沙壳蛋或畸形蛋，蛋清稀薄如水（图6-10）。

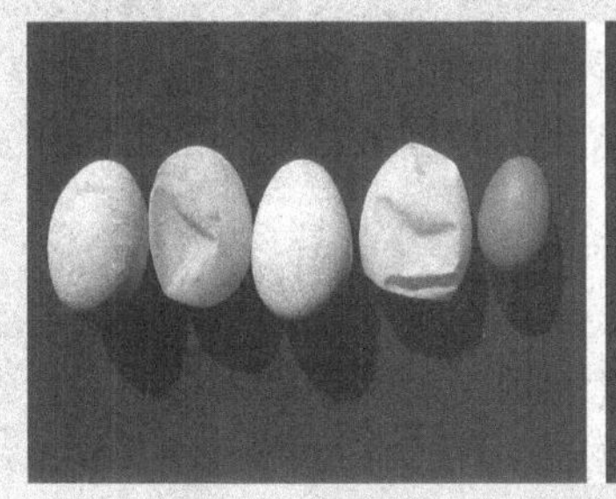

图6-10 畸形蛋、蛋清稀薄如水

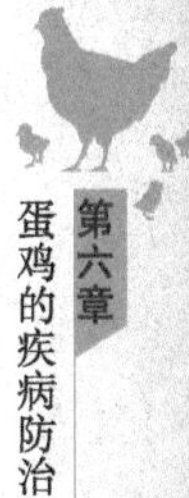

3. 病理变化

肾型IB的病理变化主要集中在肾脏，表现为双肾肿大、苍

白，肾小管因聚集尿酸盐使肾脏呈槟榔样花斑（彩图 32）；两侧输尿管因沉积尿酸盐而明显扩张增粗。产蛋鸡可能发生卵黄性腹膜炎，输卵管变细，输卵管中三分之一影响较严重，卵巢变形（图 6-11）。

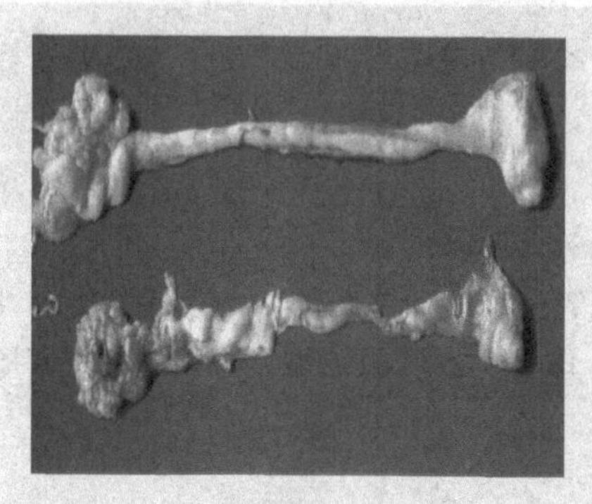

图 6-11 卵巢变细变形

4. 诊断方法

根据肾脏病变可对肾型 IB 作出初步诊断。确诊必须采用鸡胚或气管环组织培养进行病毒的分离鉴定。也可采用分子生物学的诊断方法，如 RT-PCR、核酸探针等。

5. 防治措施

加强饲养管理，定期消毒，严格防疫，免疫接种。疫苗以弱毒活疫苗及灭活疫苗最为常用。本病无特异的治疗药物。对肾型 IB，可给予乌洛托品，复合无机盐，或含有柠檬酸盐或碳酸氢盐的复方药物。

【特别提示】蛋鸡传染性支气管炎的表现症状可能没有肉鸡那么典型，但是对产蛋性能影响是巨大的，比如畸形蛋、产蛋率低，如果雏鸡早期感染传染性支气管炎，对生殖系统的破坏最严重，这样的蛋鸡可能成为不产蛋的假母鸡。

四 鸡慢性呼吸道病

鸡慢性呼吸道病（CRD）是由鸡毒支原体感染引起的一种慢性

接触性呼吸道传染病。其特征是病程长，病理变化发展慢，临床上主要表现为呼吸有啰音、咳嗽、流鼻液及气囊炎等，是目前养鸡业中的一种常见病。

1. 流行特点

各种年龄的鸡和火鸡都能感染本病。鸡以4～8周龄最易感，火鸡以5～16周龄易感，成年鸡常为隐性感染。CRD可通过水平传播，也可通过垂直传播。本病一年四季都可发生，但在寒冷季节多发。

2. 临床症状

病鸡食欲降低，流稀薄或黏稠鼻液，咳嗽、打喷嚏，流泪，眼睑肿胀（彩图33），呼吸困难和气管啰音。随着病情的发展，病鸡可出现一侧或双侧眼睛失明。母鸡常产出软壳蛋，产蛋率和孵化率下降。

3. 病理变化

病死鸡消瘦，鼻黏膜充血、水肿、增厚，鼻旁窦内有黏液性、脓性、干酪样渗出物，气囊壁增厚、混浊（彩图34），腹腔内有一定量的泡沫（彩图35）。严重病例可见纤维素性肝周炎和心包炎（彩图36）。

4. 诊断方法

根据本病的流行特点、临床表现和病理变化可作出初步诊断。确诊需要依靠实验室技术。实验室诊断包括病原分离培养和血清学诊断。

5. 防治措施

健康鸡场要杜绝本病的传入，引进成鸡、鸡苗和种蛋，都必须选择确实无本病的鸡场，并做好引种检验工作。在留种蛋前全部进行血清学检查一次，必须是无阳性反应者才能用作种鸡。

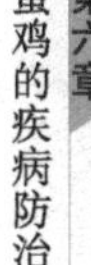

（1）疫苗接种 疫苗有弱毒活疫苗和灭活疫苗两种。弱毒活疫苗：目前国际上和国内使用的活疫苗是F株疫苗。灭活疫苗：基本都是油佐剂灭活疫苗，效果较好，能防止本病的发生并减少诱发其他疾病的可能。

（2）治疗 链霉素、土霉素、四环素、红霉素、泰乐菌素、壮观霉素、林可霉素、氟哌酸、环丙沙星、恩诺沙星治疗本病都有一

定疗效。

【特别提示】本病目前没有特效的疫苗和药物，预防完全依靠生物安全措施和科学饲养管理，配合部分敏感的抗生素。

五 禽白血病

禽白血病是由禽C型反录病毒群的病毒引起的禽类多种肿瘤性疾病的统称。主要是淋巴细胞性白血病，其次是成红细胞性白血病、成髓细胞性白血病。此外还可引起骨髓细胞瘤、结缔组织瘤、上皮肿瘤、内皮肿瘤等。大多数肿瘤侵害造血系统，少数侵害其他组织。

1. 流行特点

不同品种或品系的鸡对病毒感染和肿瘤发生的抵抗力差异很大。母鸡的易感性比公鸡高，多发生在18周龄以上的鸡，呈慢性经过，病死率为5%～6%。

传染源是病鸡和带毒鸡。雏鸡在2周龄以内感染这种病毒，发病率和感染率很高，残存母鸡产下的蛋带毒率也很高。本病以垂直传播为主，也可水平传播。

2. 临床症状

淋巴细胞性白血病是最常见的一种病型。14周龄以后开始发病，在性成熟期发病率最高。病鸡精神委顿，进行性消瘦和贫血，鸡冠、肉髯苍白，皱缩（彩图37）；病鸡食欲减少或废绝，腹泻，产蛋停止；腹部常明显膨大，用手按压可摸到肿大的肝脏（彩图38），最后病鸡衰竭死亡。

3. 病理变化

剖检可见肿瘤主要发生于肝脏、脾脏、肾脏、法氏囊，也可侵害心肌、性腺、骨髓、肠系膜和肺（彩图39～彩图41）。肿瘤呈结节形或弥漫形，灰白色到浅黄白色，大小不一，切面均匀一致，很少有坏死灶。

（1）成红细胞性白血病　此型临床比较少见。通常发生于6周龄以上的高产鸡。临床上分为两种病型：增生型和贫血型。

（2）成髓细胞性白血病　此型临床少见。其表现为嗜睡，贫血，消瘦，毛囊出血（彩图42），病程比成红细胞性白血病长。剖检时见骨髓坚实，呈红灰色至灰色。

（3）J-亚型白血病 感染的种鸡鸡冠苍白，羽毛异常。母鸡产蛋下降，死亡率明显增高。剖检可见肝脏、脾脏、肾脏和气体器官均有肿瘤发生（彩图 43 和彩图 44）。在肋骨与肋软骨结合处，胸骨内侧、骨盆、下颌骨、颅骨、腿部等处有肿瘤形成（图 6-12 和图 6-13）。

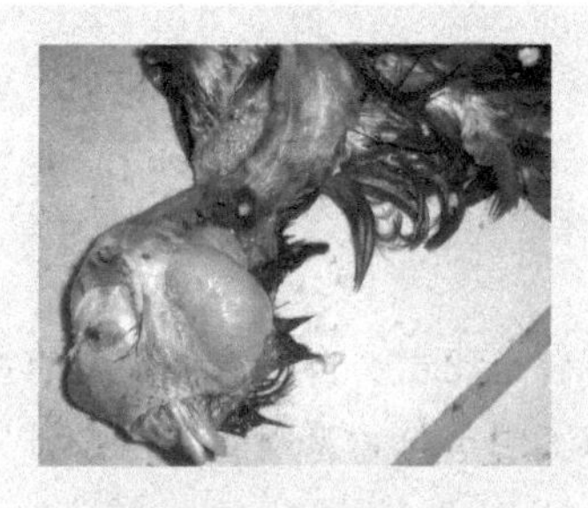
图 6-12 下颌肿瘤

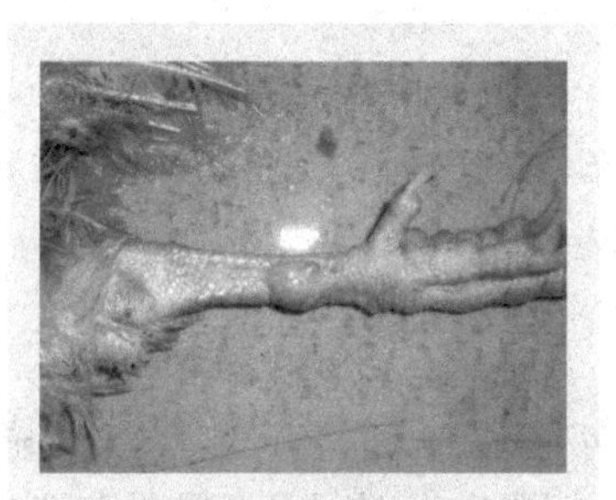
图 6-13 腿部肿瘤

4. 诊断方法

鸡白血病病毒感染非常普遍，又因为感染并不经常导致肿瘤的发生，所以单纯的病原和抗体的检测没有实际的诊断价值。实际诊断中常根据血液学检查和病理学特征结合病原和抗体的检查来确诊。

5. 防治措施

本病主要为垂直传播，病毒型间交叉免疫力很低，雏鸡免疫耐受，对疫苗不产生免疫应答，所以对本病的控制尚无切实可行的方法。减少种鸡群的感染率和建立无白血病的种鸡群是控制本病的最有效措施。种鸡在育成期和产蛋期各进行 2 次检测，淘汰阳性鸡。选择蛋清检测阴性的母鸡留种、孵化，在隔离条件下出雏、饲养，连续进行 4 代左右，建立无病鸡群。但由于费时长、成本高、技术复杂，一般种鸡场还难以实行。

【特别提示】 本病重在预防，治疗没有显著效果，种鸡场可采取白血病净化技术方案保证鸡群不感染白血病。

六 产蛋下降综合征

本病是由禽腺病毒引起，鸡以产蛋下降为特征的一种传染病，

表现为鸡产蛋骤然下降，软壳蛋、畸形蛋增加，褐色蛋壳颜色变浅。

1. 流行特点

易感动物是鸡，产褐色蛋的母鸡最易感。自然宿主是鸭、鹅、野鸭。26～32周龄易发，35周龄以上较少发病。垂直和水平传播。病毒感染后，性成熟前不表现致病性，产蛋初期产蛋鸡发病。

2. 临床症状

突然性群体产蛋下降20%～38%，严重者甚至达50%以上。蛋壳色泽变浅（彩图45），蛋白稀薄呈水样，软壳蛋增多，占15%以上。

3. 病理变化

本病无特征性病理变化，一般不引起死亡。自然病例仅见有些病鸡卵巢和输卵管萎缩；人工感染的病鸡常见子宫黏膜水肿性肿胀（彩图46），有些则见卵巢萎缩。

4. 诊断方法

根据流行特点和临床症状（产蛋率突然下降，异常蛋增多，尤其是褐壳蛋品种鸡在产蛋下降前1～2天出现蛋壳褪色、变薄、变脆等特征）可作出初步诊断，尚需进一步作病毒分离和血清学检查（主要是血凝抑制试验和琼脂扩散试验等），才能确诊。

5. 防治措施

（1）加强管理措施 由于本病主要是经蛋垂直传播的，所以应严禁购进该病毒污染的种蛋，做到鸡、鸭分开饲养，不使用该病毒污染的疫苗等。

（2）免疫接种 产蛋下降综合征油佐剂苗在国内已广泛应用，效果很好。该苗适用于蛋鸡后备鸡、种鸡后备母鸡群，于开产前2～4周（即140日龄左右）注射，整个产蛋周期内可得到较好的保护。疫苗在5～10℃下可保存一年，勿冷冻，使用时充分摇匀，使苗温升到室温后皮下或肌内注射0.5mL/只。

【特别提示】本病容易误诊，要注意和传染性支气管炎、新城疫等区分开来。

七 鸡白痢

鸡白痢是由鸡白痢沙门氏菌引起的一种常见和多发的传染病。1899 年 Rettger 发现本病的病原体，并将其称为白痢菌，后来改称为白痢沙门氏菌。本病的特征是幼雏感染后常呈急性败血症，发病率和死亡率都较高；成鸡感染后，多呈慢性或隐性带菌，可随粪便排出，因卵巢带菌，严重影响孵化率和雏鸡成活率。鸡白痢沙门氏菌在适当的环境中可以生存数年。在污染的鸡舍土壤内毒力可以保持数个月，夏季可在土壤中保持 20 ~ 35 天，冬季 4 ~ 6 个月，在尸体上可以存活 3 个月以上。

1. 流行特点

各品种的鸡对本病均有易感性，以 2 ~ 3 周龄以内雏鸡的发病率与病死率为最高，呈流行性。随着日龄的增加，鸡的抵抗力也有所增强。成年鸡感染常呈慢性或隐性经过。不同品种鸡的易感性有明显差异，轻型鸡（如白来航鸡）较重型鸡的抵抗力强，产褐壳蛋的鸡易感性最高，产白壳蛋的鸡抵抗力稍强。

（1）传播途径 本病经多种途径传播，最主要的传播途径是经卵垂直传播，水平传播途径主要是消化道和呼吸道，也可通过交配传播。带菌的成年鸡和病鸡是鸡白痢的主要传染源。

（2）发病情况 本病的发生和死亡受多种因素影响，环境污染、卫生条件差、温度过低、潮湿、拥挤、通风不良、饲喂不良及其他疾病，都可加重本病的发生。

2. 临床症状

不同日龄的鸡发生鸡白痢时，症状有较大差别，但雏鸡和雏火鸡所表现的症状基本一致。雏鸡感染者，孵化中出现死胚，或不能出壳之弱雏，或出壳后 1 ~ 2 天死亡。育成鸡多发生在 40 ~ 80 日龄的鸡，地面平养的鸡群发生此病较网上和育雏笼育成的鸡要多。鸡群密度过大，环境卫生条件恶劣，饲养管理粗放，气候突变，饲料突然改变或品质低劣等应激因素均可诱使育成鸡发生鸡白痢。本病发生突然，鸡群中不断出现精神、食欲差的鸡和下痢的鸡（彩图 47），常突然死亡。

3. 病理变化

雏鸡在育雏器内早期死亡者，病变轻微，可见肝肿大，病程稍长的死亡鸡有明显的病变，极度消瘦，眼睛下陷，脚趾干枯，嗉囊空虚，肝脏大、呈土黄色或有砖红色条纹（彩图48），有的心肌、肺、肝、肌胃、盲肠或大肠上有灰白色小结节和坏死点（彩图49）。卵黄吸收不全，呈油脂样或干酪样。成年母鸡卵巢萎缩，卵泡无光泽、呈浅青色或铅黑色，其内容物呈油脂样。

4. 诊断方法

根据流行病学、临床症状、剖解变化等可对本病作出初步诊断，如果确诊，则需要进行病菌的分离培养鉴定。成年鸡白痢特别是阳性带菌鸡一般很难发现，必须用血清学检查，才能查出病鸡和带菌鸡。

5. 防治措施

（1）检疫净化鸡群 本病的传染源主要是带菌鸡，消灭带菌鸡是预防本病的关键。可用凝集试验净化鸡群，建立无白痢病鸡场。

（2）严格消毒 对本病的控制必须从种鸡抓起，应采用无白痢病鸡群所产的种蛋进行孵化。种蛋在产后0.5 h内进行熏蒸消毒，防止蛋壳表面的细菌侵入蛋内。孵化器、育雏器在每次应用之前，用福尔马林进行熏蒸消毒。

（3）加强雏鸡的饲养管理 育雏的温度、湿度、通风、光照、饲养密度应严格控制。雏鸡给予颗粒化饲料，并少喂勤添，以最大限度减少被鸡白痢沙门氏菌污染的饲料传染鸡群的可能性。

（4）及时投药预防 在鸡白痢沙门氏菌流行地区，雏鸡出壳后可饮用2%~5%的乳糖或5%的红糖水，效果较好，也可在饲料中加入0.02%的呋喃唑酮，给出壳后开食的小鸡连喂14天，或在饲料中添加抗生素。

第七章
废弃物的无害化处理

第一节　鸡粪的无害化处理

鸡粪是无公害蔬菜生产常用的有机肥料，但未经处理或腐熟的鸡粪直接施用到作物上，则存在很大的害处及隐患。因此须将鸡粪进行无害化处理和完全腐熟后才能施用于生产。

一　直接施用

目前在我国一些小型养殖户采用该方式处理鸡粪，鸡粪经过简单的晾晒干燥后与泥土混合直接施用到农田（图7-1）。

图7-1　直接施用

【注意】　该方法不适用于现代集约化畜禽养殖场。

二 加工处理

1. 干燥处理

（1）太阳能干燥处理（图7-2） 该工艺采用太阳能温室浅槽发酵干燥法，每个温室装有搅拌机一台，对鸡粪进行摊平、搅拌和推送。每天将鲜鸡粪倒入温室一端的粪槽内，鸡粪被自动推送到另一端，经5～7天可完全干燥。成本低，但占地面积大，干燥时间长，受天气影响较大。

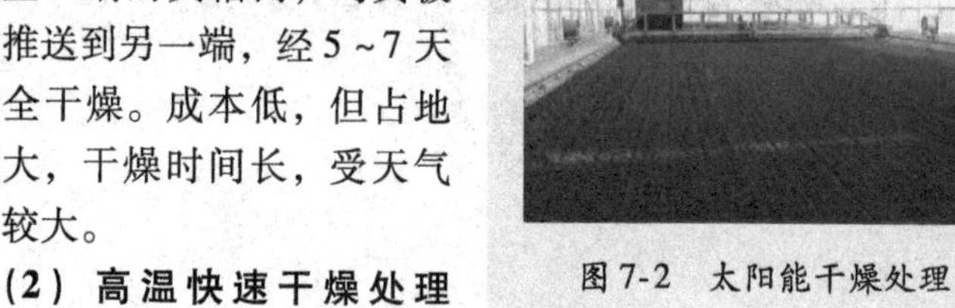

图7-2 太阳能干燥处理

（2）高温快速干燥处理（图7-3） 利用高温快速干燥机处理鸡粪，在500～550℃的高温下（12s左右）可使鸡粪水分降到13%以下。其优点是鸡粪中养分损失少。但成本较高，且处理过程中会产生恶臭。

图7-3 高温快速干燥处理

（3）微波处理 微波具有热效应和非热效应。其热效应是由物料中极性分子在超高频外电场作用下产生运动而形成的，因而受作用的物料内外同时产热，不需要加热过程。因此，整个加热过程比常规加热方法要快数十倍甚至数百倍。其非热效应是指在微波作用过程中可使蛋白质变性，因而可达到杀菌灭虫的效果。

2. 生物发酵

生物发酵法是利用中、高温好氧微生物的分解作用，分解粪便

中不稳定的有机物，使粪便中挥发性恶臭气体减少，并通过发酵高温杀灭粪便中有害病原微生物，改善发酵物料的物理性状（黄国锋等，2003）。根据设备不同，又分为塔式好氧发酵和槽式好氧发酵。

（1）塔式好氧发酵（图7-4） 采用分层结构的矩形塔，先将新鲜畜禽粪便提升到塔顶层的承料翻板上，通过自动承料翻板定时翻动，将畜禽粪便从上层落到下层的翻板，经过大概15天发酵结束。塔楼主体采用钢质材料，投资成本很高，且钢质翻板长期与含有腐蚀性物质的畜禽粪便接触，容易生锈腐蚀，影响发酵塔的使用寿命（陈通，2005）。

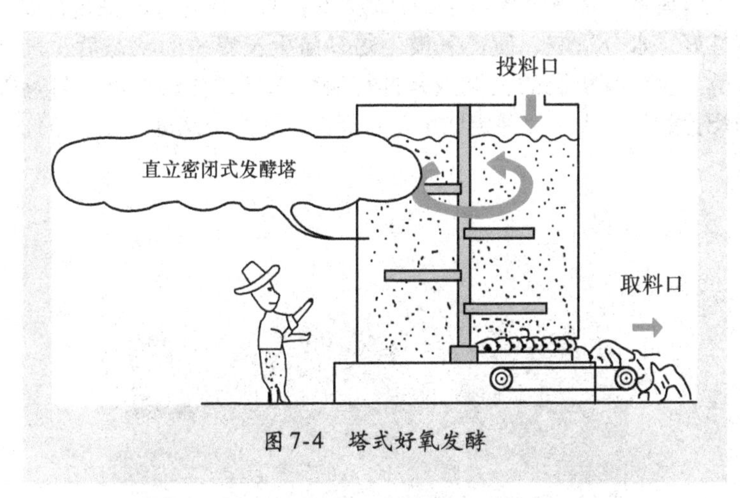

图7-4 塔式好氧发酵

（2）槽式好氧发酵（图7-5） 将新鲜畜禽粪便与其他填充物料置于半封闭发酵槽中，利用机械搅拌机的翻动作用，使空气与物料充分混合；搅拌机可使进入槽内的空气很好地获得破碎和分布，以增加槽内空气与物料接触面积而有利于氧气传递和发酵物混合；同时翻动物料时，发酵产生的热量有利于水分快速蒸发，缩短发酵周期；槽式好氧发酵法在发酵初期无需对原料进行预混合，操作简便，节省能源，处理成本低，从而提高了畜禽粪便无害化处理的效率；槽式好氧发酵法还具有生产能力强，占地少，设备操作方便、使用寿命长，不存在二次污染问题等优点（陈通，2005；黄海龙等，2007）。

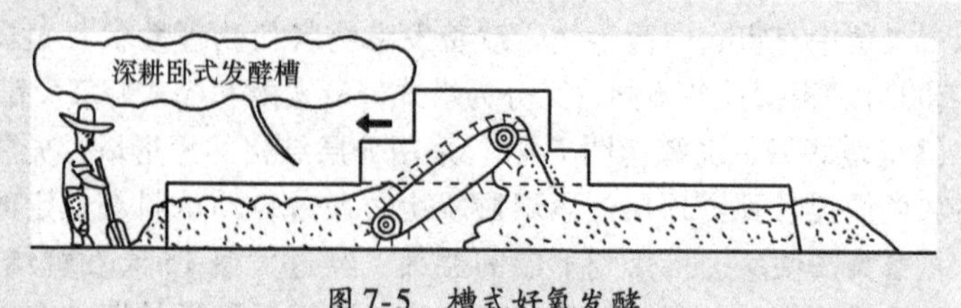

图 7-5　槽式好氧发酵

3. 生产有机肥

鸡粪是非常适合植物生长的优质有机肥。将新鲜的鸡粪调成透气性好、水分适宜、使需氧微生物容易生长繁殖的状态后，进行发酵。生产有机肥的关键点是进行菌种选择、辅料选择、与鸡粪的配比、堆高大小，并定期用专用翻堆机器进行翻堆（图 7-6）。

图 7-6　专用翻堆机器翻堆

有机肥生产的主要原料为养殖场的鸡粪；配料包括：稻草、秸秆、木炭、草碳、稻壳等。有机肥生产工艺流程基本包括：有机物料接种发酵（预发酵）、主发酵、粉碎、复配与混合、烘干、造粒、冷却、筛分、计量包装等几个工艺。有机肥造粒生产流程如图 7-7 所示，生产的有机肥成品如图 7-8 所示。

有机肥专用造粒机
除尘
干燥
通风
除尘
冷却
通风
分级
成品
包装
大返料
搅拌
粉碎
配料
发酵后半成品
粉碎
N、P、K

图 7-7　造粒生产流程

图 7-8　有机肥成品

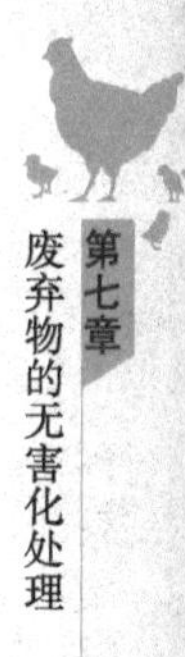

生产有机肥主要的问题是辅料来源困难，有机肥产业化生产需要大批、连续的辅料，而收集渠道难、价格和运输成本高等都加大了辅料采购的难度；个别季节蛋鸡粪便含水率高，尤其在夏季，导

致粪便难运输、难发酵；各地辅料种类不同，发酵环境条件也有差异，因此开发适合于不同发酵需要的微生物制剂，可能有助于提高发酵效率，缩短发酵时间，降低生产成本（图7-9）。

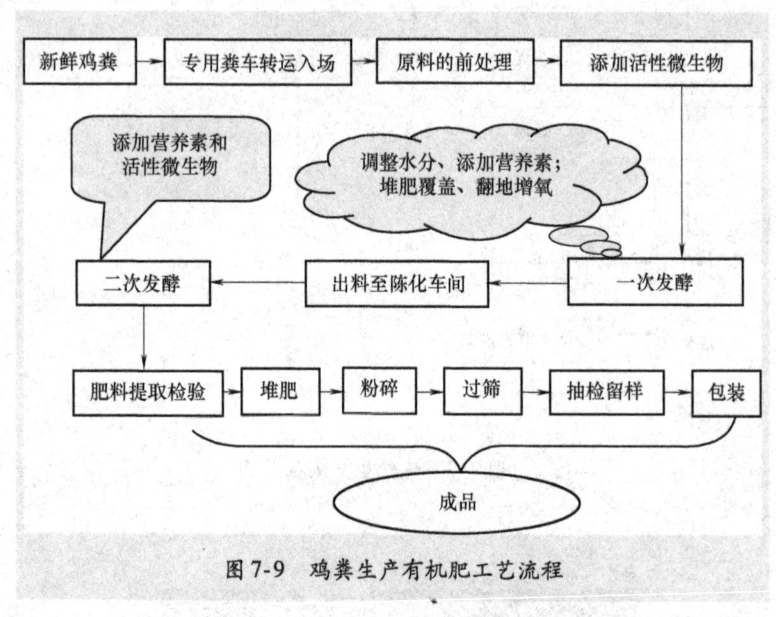

图7-9　鸡粪生产有机肥工艺流程

目前已有部分标准化规模养殖场采用鸡粪无害化处理设备进行鸡粪的无害化处理（图7-10）。这种处理设备是从韩国引进的，可对畜禽粪便进行全封闭发酵处理，不仅可以彻底杀灭有害细菌和病原体，而且对环境无任何污染，解决了粪便晾晒、加工“十里飘臭”问题，其运行机制是在不添加任何菌种和无加热装置的前提下，靠耗氧自然发酵，并产生70℃的高温，迅速将畜禽粪尿、尸体发酵熟腐，彻底杀灭各种有害细菌和病原体。一天可处理10t畜禽粪便，常年可处理12万只鸡所产生的粪便。畜禽粪便在这个罐发酵完毕即可变成高效、优质的有机肥，可直接作用于农田，形成了良性的生态循环。

4. 堆积发酵

在粪场的粪堆上盖上塑料膜，周围用土、石块压实，不透气，留一端掀盖方便，每天将打扫的鲜鸡粪加入，再压实，如果粪太稀

图7-10　畜禽粪便尸体无害化处理发酵罐

可适当拌土堆积，发酵几天后要掀开塑料膜晾晒，如果有蝇蛆滋生则盖上膜即可很快杀灭，反复一段时间后，粪即干成堆，如果长期不使用则最好用泥土封存。此法粪堆升温快，灭蛆好，适应范围广。

【小窍门】>>>>

如果塑料膜幅面窄，可以互相压边，以水黏合。

5. 生产沼气

鸡粪可以通过厌氧消化工艺获得沼气，利用鸡粪制成沼气，不仅提供了清洁的能源，还解决了许多规模化鸡场环境污染问题。沼气渣及沼液可进行肥田，沼气可以用来烧水煮饭等，沼气还可作为能源制作膨化饲料。沼气池中的粪肥要及时清出池外，用干制法或发酵法堆积储存（图7-11）。

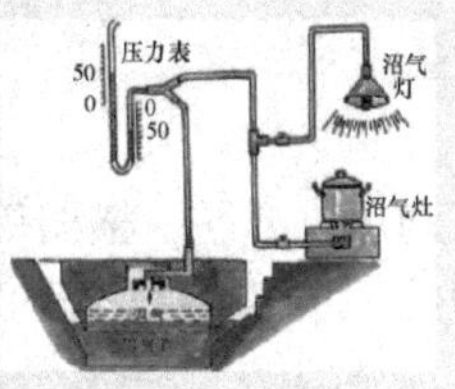

图7-11　沼气池及沼液、沼气的利用

利用家禽粪便生产沼气受很多因素的影响，处理不好会影响产气效果。厌氧发酵处理鸡粪目前存在的主要缺点，即生产沼气处理鸡粪的主要问题，是产生的沼液、沼渣又成为了新的污染源，必须经过处理才能排放。

第二节　污水的无害化处理

随着科学技术的发展，污水的处理技术日益完善，按其作用的原理可将其分为物理处理法、化学处理法和生物处理法等。对于一个蛋鸡养殖场来说，比较经济、实用的方法就是尽量降低污水的产生，如限制用大量水冲刷鸡舍，减少地表降水流入粪池等。同时将污水经沉淀过滤后注入沼气池，产生的沼气可供生产与生活用。

一　污水来源

1. 生产污水

在蛋鸡养殖生产过程中产生的生产污水主要包括鸡舍冲刷废水和高温季节鸡舍降温产生的冷却水。根据《养鸡场无公害标准化生产卫生管理示范规程》，清扫和冲洗是降低污染程度、改善卫生环境最基本、最有效的方法，地面、鸡舍必须定期实施清扫和冲洗作业。高温环境严重影响蛋鸡的生产性能，出现食欲降低、产蛋率下降等热应激反应，为降低蛋鸡舍内温度，鸡舍不得不安装湿帘、风机及喷雾降温设备，通过循环冷却水降低蛋鸡舍内温度，为鸡群提供舒适的生长生产环境。但在此过程中会有大量的废水、污水产生。

2. 生活污水

在蛋鸡场还设有职工宿舍、职工食堂等供饲养管理人员生活的场所。食堂、宿舍等地由于饲养管理人员的活动会产生污水。

二　处理方法

1. 物理处理法

利用过滤网、格栅等设施对污水进行简单的物理方法处理，处理后的污水可以注入厂区内的沼气化粪池中。

2. 化学处理法

通过向污水中加入某些化学物质，利用化学反应来分离、回收

污水中的污染物质，或将其转化为无害的物质。其处理的对象主要是污水中的溶解性或胶体性污染物。常用的方法有混凝法、化学沉淀法、中和法、氧化还原法等。在采用化学处理法时要充分了解所用化学试剂的性质，防止化学试剂二次污染问题的发生。

3. 生物处理法

生物处理法主要依靠微生物的发酵作用来实现。参与污水生物处理的微生物种类很多，包括细菌、真菌、藻类、原生动物，多细胞动物如轮虫、线虫、甲壳虫等。其中，细菌起主要作用，它们繁殖力强、数量多、分解有机物的能力强，很容易将污水中溶解性、悬浮状、胶体状的有机物逐步降解为稳定性好的无机物。

根据处理过程中是否需要氧气，可把微生物分为好氧微生物和厌氧微生物两类。主要依赖好氧微生物和兼性厌氧微生物的生化作用来完成处理过程的工艺，称为好氧生物处理法。好氧生物处理时，微生物吸收有机物氧化分解成性质稳定的简单无机物，同时使微生物自身得到生长与繁殖，微生物数量得到增加。厌氧生物处理法是利用兼性厌氧菌和专性厌氧菌将污水中大分子有机物降解为低分子化合物，进而转化为甲烷、二氧化碳的有机污水处理方法。这种处理方法主要用于蛋鸡场粪便污水的处理。

生物处理后的污水，再经阳光下曝气处理，恢复水中的溶解氧，则可实现进一步净化，可直接排放或用于蛋鸡场冲洗等辅助用水。

4. 综合利用

鸡粪污水不仅含有高浓度有机污染物和高浓度固态悬浮物，而且富含氮、磷等营养元素，氨氮含量高，给鸡粪污水生化处理，特别是脱氮处理带来很大困难。采用清洁生产、干湿分离，干鸡粪采用好氧堆肥处理，污水采用厌氧、好氧生物处理和氧化塘相结合的综合利用方法。鸡舍臭气采用加强鸡粪的管理，做到日产日清，以及采用合理的鸡场总平面布置，结合绿化隔离，并在饲料中添加生物除臭剂等措施进行综合处理。污水先进行固液分离，去除污水中的SS；然后再泵入UASB反应器处理，产生的沼气用于烧热水；厌氧出水一部分浇灌菜地，一部分进行好氧处理，出水进入生物稳定塘处理后达标排放。如图7-12所示为整个工艺流程图。

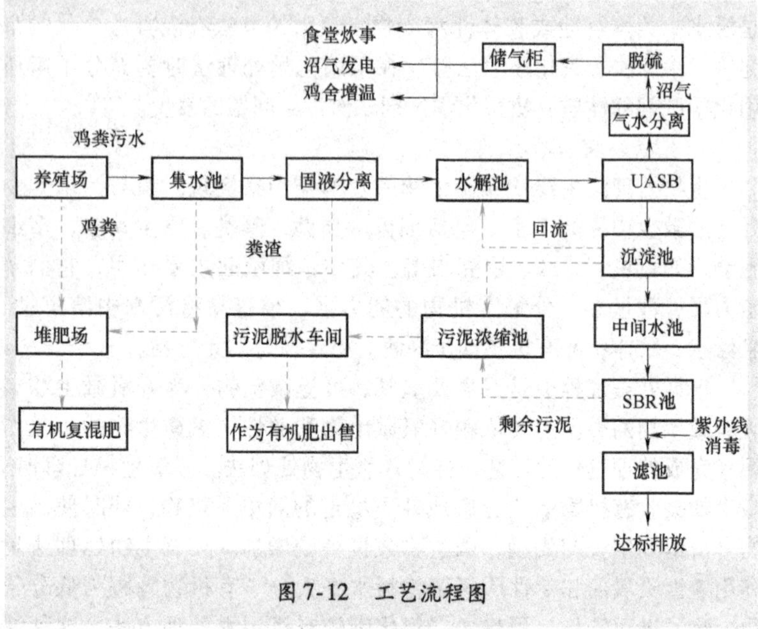

图 7-12　工艺流程图

第三节　病死鸡的无害化处理

一　病死鸡的收集与运输

在收集病死鸡尸体时，须做好个人的防护措施和环境的消毒工作，以免发生自身感染和散播病原，运送病死鸡尸体和病害鸡产品应采用密闭、不渗水的容器，装前卸后必须要消毒（图 7-13)。

图 7-13　病死鸡收集与运输

二 病死鸡的处理方法

1. 深埋法

深埋法操作简易，经济，是处理病死鸡常用的方法。深埋法是将死鸡埋入土壤中，在厌氧的条件下，通过肠道微生物及细菌酶的影响，发生腐败分解，可将大部分病原菌杀死。用于深埋的坑要求深1.2～1.5m，同时在尸体入坑前后各撒一层生石灰才能予以掩埋（图7-14）。

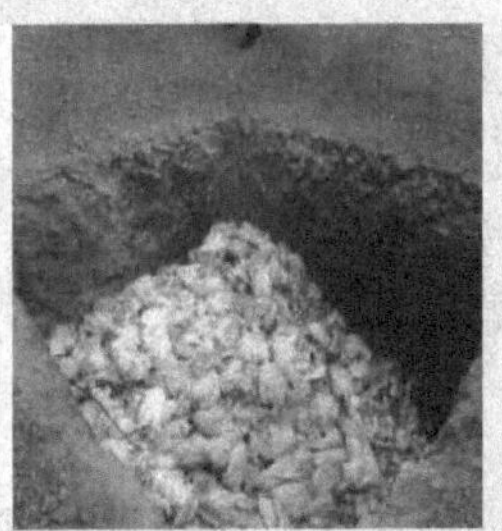

图7-14　深埋

【特别提示】 该方法适用于地下水位低的地区，但不适合地下水位高的地区使用，以防污染地下水。应选择在生产区小风向的偏僻处进行深埋处理。

2. 焚烧法及高温煮沸法

焚烧法是最安全、彻底的处理方法。此法用于处理因患人畜共患病而死的畜禽。焚烧是将死鸡尸体置于火中使其火化，从而杀死病原体。在选择焚烧炉时要注意焚烧效率，为避免污染环境可选用二次燃烧装置，如焚烧炉等（图7-15）。而高温煮沸法是将尸体置于100℃沸水中，一般的普通锅即可，不仅可彻底消毒，还可保留部分产品。

图 7-15　焚烧设备

【特别提示】使用焚烧法处理必须注意防火安全，并且要尽量减少燃烧产生的废气对居民的影响。选择在主产区下风向的偏僻处进行焚烧处理。

3. 饲料化处理

死鸡仍含有丰富的营养成分，尤其含有大量氨基酸平衡的蛋白质，将其彻底消毒后，可获得优质的蛋白质饲料。可通过蒸煮干燥机对传染病致死的鸡只进行高温、高压彻底灭菌处理，然后干燥、粉碎可获得优质的肉骨粉。

4. 新兴方法

通常用于处理家禽尸体的方法是挖坑深埋。但是，近几年来，深埋对水质的影响引起人们的关注，土壤种类和地下水水位是限制使用深埋法处理尸体的两个主要因素。焚烧是一种生物学安全的处理方法，但是，这种方法处理速度慢、昂贵，并且产生公害，即使使用高效焚尸炉也无法避免。因此，替代的处理方法受到家禽生产者的关注。

(1) 家禽尸体制堆肥　制堆肥是一种受控自然过程。在制堆肥过程中，有益微生物（细菌和真菌）可以分解并将有机废弃物最终转化成为堆肥的有用终产物。将每天的死鸡变成无味的腐殖质样物质，可用作土壤校正剂和植物营养的来源。

养鸡场进行家禽尸体堆肥需要建造堆肥仓。将每天死亡的鸡与

垫料、秸秆和水连续分层铺放到第一阶段的堆肥仓中，其重量比为1.0∶2.0∶0.1∶0.25。先在底层放30cm厚锯末、稻草或稻壳组成的垫料，加一层秸秆有助于通气和提供足够的碳源，然后加一层尸体，再加水保持温度，但不达到饱和，最后用粪覆盖尸体，依此装满（图7-16）。随着细菌活动的进行，堆肥混合物的温度迅速上升，在5～10天内升高到50℃以上，可以分解和杀灭病原微生物、野草种子和蝇蛆。14～21天后，温度开始下降，通常标志着有机体开始缺乏氧气。混合或者搅动堆肥引入氧气，这样微生物会再次活动，导致肥堆温度再次上升。经第二次升温后，制出的堆肥可以安全地保存到需要使用时。对于处理家禽尸体来说，在严格管理下，制堆肥是一种生物学安全、比较便宜和环境上安全可靠的方法，其应用也日益普遍。

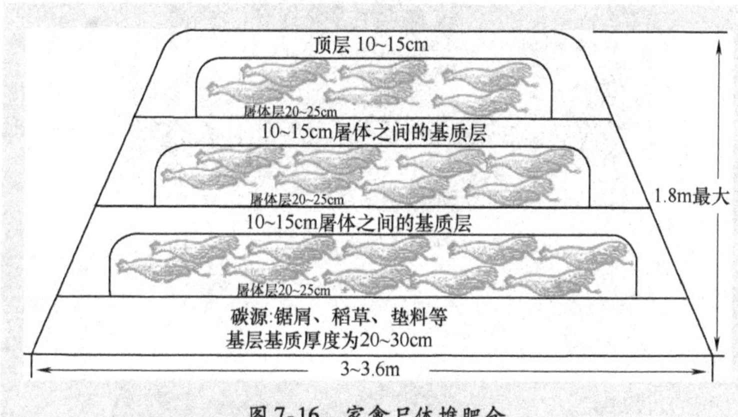

图7-16　家禽尸体堆肥仓

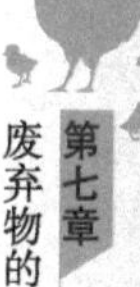

（2）家禽尸体炼油　可以用炼油的方法将家禽尸体转变成一种有价值、生物学安全的蛋白副产物粉。但是，在拣拾并将家禽尸体运到炼油装置时，可能会造成病原微生物传播疾病，在运到炼油装置前将尸体冰冻作短期保存是有效的。这种方法的费用很高，因为每天都可能有接近体温（40℃）的尸体产生，通常需要大容量的冷冻装置。

（3）发酵 发酵法是将死鸡尸体及其饲料、粪便、垫料等投入指定的发酵池内，利用生物热将鸡尸体发酵分解，以达到无害化处理的目的。通常将尸体粉碎成2.5cm或更小的碎块，与可发酵的碳水化合物（如糖、乳清、糖蜜或粉碎玉米）混合后装入密闭发酵罐中（图7-17），实现发酵。产生乳酸的细菌使碳水化合物发酵，产生挥发性脂肪酸并使pH降至4.5以下，这可以防止尸体养分腐败。在发酵过程中，由于pH降低，与尸体伴生的病原微生物可以得到有效的灭活或抑制，发酵产物可保存几个月。

图7-17 鸡场密闭发酵罐

第八章 典型案例介绍

第一节 标准化规模蛋鸡场经验介绍

山东汶上县高大龙蛋鸡存栏量20万只，饲养品种为海兰褐蛋鸡，饲养周期17个月，2012～2013年按照标准化饲养模式，每只鸡在周期内平均获利10元。该鸡场场址选择合理，配备风机、湿帘、水处理系统等设备，饲养管理科学，取得了较好的经济效益。

一 基本情况

1. 场址选择

该场地处山东省西南部，东临古城兖州，西接水泊梁山，南依微山湖，北枕东岳泰山。东经116°40′～116°18′、北纬35°31′～35°36′，大部分地区处于平原地带，汶上县属北温带大陆性季风湿润气候区。该鸡场位于向阳面且地势平坦，地形地势选择合理。

2. 饲养品种

该场饲养海兰褐壳蛋鸡，是美国海兰国际公司（HY-LINE INTERNATIONAL）培育的四系配套优良蛋鸡品种。海兰褐壳蛋鸡具有饲料报酬高、产蛋多和成活率高的优点。

商品代生产性能：1～18周龄成活率为96%～98%，体重为1550 g，每只鸡耗料量5.7～6.7 kg。产蛋期（至80周）高峰产蛋率为94%～96%，入舍母鸡产蛋数至60周龄时为246枚，至74周龄

时为317枚，至80周龄时为344枚。19～80周龄每只鸡日平均耗料114 g，21～74周龄每千克蛋耗料2.11 kg，72周龄体重为2250 g。海兰褐壳蛋鸡在全国很多地区都可饲养，适宜集约化养鸡场、规模鸡场、专业户和农户饲养。

二 场区布局与建筑

1. 总体布局介绍

场区分为生产区、生活区和办公区（平面图布置见图8-1，布局实景见图8-2，内部建筑与布局见图8-3），分区合理。其中，生产区内育雏、育成场分开。育雏区设在距本场10 km外的育雏专区，实现了育雏区与育成区的有效隔离。这种饲养管理模式不但提高了生物安全水平，还减少了育雏供热面积，提高了供热效率，提高了鸡舍利用率。

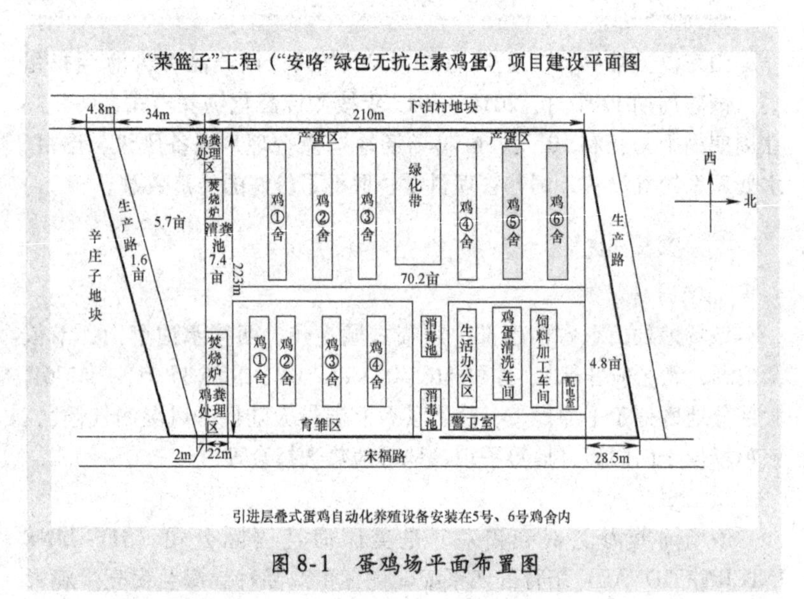

图8-1 蛋鸡场平面布置图

2. 布局细节

做到了鸡场净道和污道分开。鸡场周围种植低矮灌木和草坪作为绿化隔离带。实行全进全出制度，至少每栋鸡舍饲养同一日龄的同一批鸡。做到鸡场生产区、生活区分开，雏鸡、成年鸡分开饲养。

鸡舍设有防鸟设施。

图 8-2　蛋鸡场平面布局实景

图 8-3　鸡舍内部建筑与布局

3. 鸡舍的建筑

采用传统的砖瓦结构，密闭式鸡舍。每栋鸡舍饲养产蛋鸡 4 万只。饲养模式采用集中笼养方式。鸡舍地面、墙面按照要求选择材料，便于清洗，并用耐酸、碱等消毒液清洗消毒。

三　常用设备

育雏期供暖采用地炉式供温，无污染，采用风机湿帘通风控温（图 8-4）。采用流线料槽，人工加料，乳头式饮水器供水。集中人工清粪，人工拣蛋，水通过水处理系统处理（图 8-5）。专用饲料均来自本场饲料车间，其中饲料原料的 90% 以上来源于已认定的绿色食品产品。

图 8-4　风机湿帘

图 8-5　水处理系统

鸡舍内温度、湿度环境按照鸡不同阶段的需求进行控制，降低了鸡群发生疾病的机会。采用了通风等措施控制舍内空气环境（图 8-6），灰尘控制在 4mg/m^3 以下，微生物数量应控制在 25 万个/m^3 以下，其他有毒有害气体含量限度符合《畜禽场环境质量标准》（NY/T 388—1999）的要求。

图 8-6　环境控制设备

四　饲养管理

1. 投入品质量标准及采取的措施

（1）饮水　水质符合标准《无公害食品　畜禽饮用水水质》（NY 5027—2008）的要求。经常清洗消毒饮水设备、避免细菌滋生。

（2）饲料和饲料添加剂　使用符合无公害标准的全价饲料，符合品种饲养手册提供的营养标准。合理添加预防应激的维生素添加剂、矿物质添加剂，均符合《无公害食品　畜禽饲料和饲料添加剂使用准则》（NY 5032—2006）的要求。不在饲料中额外添加增色剂（如砷制剂、铬制剂、蛋黄增色剂、铜制剂、活菌制剂，免疫因子等）。不使用霉败、变质、生虫或被污染的饲料。

（3）兽药　雏鸡、育成鸡前期为预防和治疗疾病使用的药物符合《无公害食品　畜禽饲养兽药使用准则》（NY 5030—2006）的要求。育成鸡后期（产蛋前）停止用药，停药时间取决于所用药物，但应保证产蛋开始时药物残量符合要求。产蛋阶段发生疾病应用药治疗时，从用药开始到用药结束后一段时间内（取决于所有药物、执行无公害食品蛋鸡饲养用药规范）产的鸡蛋不得作为食品蛋出售。

2. 消毒

鸡舍周围环境每2～3周用2%氢氧化钠溶液消毒或撒生石灰1次，场周围及场内污水池、排粪坑、下水道出口，每1～2个月用漂白粉消毒1次，在大门口设消毒池，使用2%氢氧化钠或煤酚皂溶液。工作人员进入生产区要经过洗澡、更衣和紫外线消毒。进鸡或转群前将鸡舍彻底清扫干净，然后用高压水枪冲洗，再用0.1%的新洁尔灭或4%来苏尔或0.2%过氧乙酸或次氯酸盐、碘伏等消毒液全面喷洒，然后关闭门窗用福尔马林熏蒸消毒。定期对蛋箱、蛋盘、喂料器等用具进行消毒，可先用0.1%的新洁尔灭或0.2%～0.5%过氧乙酸消毒，然后在密闭的室内用福尔马林熏蒸消毒30min以上。

3. 日常管理

（1）饲养要求 饲养员应进行定期查体，传染病患者不得从事养鸡工作。保持饲料新鲜，防止饲料霉变。定期清洗消毒饮水设备。

（2）鸡蛋收集 盛放鸡蛋的蛋箱或蛋托应经过消毒。集蛋人员集蛋前要洗手消毒。集蛋时将破蛋、沙壳蛋、软壳蛋、特大蛋、特小蛋单独存放，不作为鲜蛋销售，可用于蛋制品加工。从鸡蛋产出到蛋库保存不得超过2h。鸡蛋收集后应立即用福尔马林熏蒸消毒，消毒后送蛋库保存。

（3）定期投放灭鼠药 定时、定点投放鼠药，及时收集死鼠和残余鼠药，并做无害化处理。

（4）鸡蛋的包装运输 鸡蛋用一次性鸡蛋盘或塑料蛋盘盛放。盛放鸡蛋的用具使用前应经过消毒。纸蛋托盛放鸡蛋应用纸箱包装，每箱10盘或12盘，纸箱可重复使用，使用前要用福尔马林熏蒸消毒。

（5）废弃物处理 传染病致死的鸡及因病扑杀的死尸按照《病害动物和病害动物产品生物安全处理规程》（GB 16548—2006）的要求进行无公害处理。鸡场废弃物经堆积生物热处理法、鸡粪干燥处理法无害化处理等作为农业用肥。

4. 饲养员操作规程

（1）育雏鸡饲养员操作规程 进入育雏舍后要做好接雏前的准

备工作（特别是水一定要凉透），接雏前4～6h舍内温度升至33℃，不同日龄的温度需求见表8-1。

表8-1　不同日龄的温度需求

日　　龄	温　　度
0～3	35～33℃
4～7	34～31℃
8～14	31～27℃
15～21	27～23℃
22～28	23～0℃
28～60	逐渐脱温，直到和育成舍温度接近

每次进料时要经过严格的熏蒸消毒后方可进入工作间。育雏期内，要严格隔离，饲养员不得随便外出，未经允许任何人不得进入育雏舍和大院，到院里时要换鞋，拖鞋不能穿出育雏舍。对来育雏舍防疫的防疫员要做好监督。接雏时要将雏鸡放在工作间，把雏鸡“十”字样摆开，边上笼边往育雏室里搬。在每次上料上水或抓鸡前要用消毒水洗手。接雏后要严格按规定的温度、湿度进行控制，绝不允许有超温和低温现象发生。要在接雏5天后陆续将舍内湿度降低。各育雏舍要认真安排好24 h值班，绝对不允许出现无人值班的问题。（尤其是28日龄以前的夜间）根据天气情况做好通风换气，根据风向开、关窗。要及时按规定清理粪便，清粪的次数根据鸡的日龄而定，每次清完粪、清扫干净后要认真喷洒消毒一次（每批鸡换一种不同名称的清毒剂）。尽量减少应激，特别是清粪时要给鸡一个安静生长的环境（表8-2）。

表8-2　育雏期清粪时间

日龄	7	11	15	18	24	28	30	32	34	36	38	40	42
次数	1	2	3	4	6	7	8	9	10	11	12	13	14

注：如43日龄不能转群，在43日龄之后按一天清粪一次操作。

要每天晚上听鸡有没有呼吸声音，数量多少，在什么位置。要准确记录好每只鸡每天的采食量和死淘数。要在每个周末晚上称重千分之五的鸡，做好记录，计算出平均体重。

要在开食后第三天开始换大食槽，里外同时饲喂，大约5~7天后将里面小食槽撤掉，要及时调整挡网的调节板，绝对不允许跑出鸡或鸡伸不出头而采不到食。

12日龄晚将雏鸡分到第三层，18日龄晚将雏鸡分到第四层，分层后要仔细观察鸡群，看有否变化和异常。断喙、注射疫苗时要认真挑选鸡的大小，以便单独饲养小鸡和弱鸡。地上的鸡要及时抓起，以防感染疾病，防疫抓鸡时，每一筐的数量不能过多，以防缺氧造成鸡死亡。防疫时要监督防疫员防疫的质量。要密切注意饮料颗粒大小的变化，过粗或过细都要及时汇报领导，及时解决。28日龄后要及时脱温，特别是春、秋、冬季，在转育成舍前，育雏室的温度要脱到和育成舍温度接近。要保证充足新鲜的饮水，严禁饮用超过6 h的饮水，每上一次水饮水器要用清水认真地清刷一次，要及时检查饮水器内是否缺水，特别是光照强的地方。上药水和其他添加剂时，要数量准确、搅拌均匀。育雏前期要少上料、勤上料、刺激鸡多采食。14日龄以后上料时，不要上得太满，以免浪费饲料，落地料要及时扫起，装袋喂猪。对料盘边上的饲料，每天要清理下来，及时喂给雏鸡。要严格按规定的光照时间控制光照，绝对不允许随便增加或减少光照时间（表8-3）。

表8-3　育雏期光照时间

日龄	1	2	3	4	5	6	7	8~14	15~21
时间/h	23	22	21	20	19	18	18	16	13

注：本光照程序是日照+光照时间

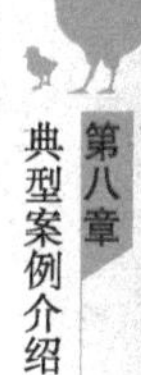

灯泡瓦数：0~3日龄用60W（笼里面），4~14日龄用40W（笼里面），笼外面一直用60W。

【特别提示】笼里面的灯泡用到14日龄全部撤掉放好。（逐渐撤）

搅拌和加药时，称取一定要准确，搅拌一定要均匀。现拌现用，否则出现药死鸡的情况，要负完全责任。要有强烈的责任心，对雏鸡和设备、工具要百倍爱护，轻抓、轻放，给雏鸡创造一个良好的生长环境，给育成、产蛋期打下一个良好的基础。及时捡出病、残、弱鸡，及时汇报，不得转入育成舍。

（2）产蛋鸡饲养员操作规程 进入鸡舍后马上换好干净的工作服，手必须在消毒水内浸泡 2 min，然后用清水冲洗干净后方可工作。每次将粪清扫完毕后，用消毒剂认真均匀地将地面、墙面、笼具喷洒消毒一次（消毒剂量按说明书用）。要每时每刻保持鸡舍门口麻袋有消毒液。清完粪后，要将粪车和起粪用具放到指定地点冲刷干净，并用2%氢氧化钠溶液消毒一次（包括鸡舍门口地面一起用2%氢氧化钠溶液消毒）。要保持鸡舍内外的环境卫生，夏天要及时将鸡舍前后的青草割掉，以免影响通风。鸡舍内的一切用具要摆放整齐，要爱护公物，保管好自己鸡舍的用具，以防丢失。每次上料的数量一定要准确，上料一定要均匀，要勤匀料，严禁饲料浪费。要保持饮水器、水箱的干净卫生，及时清洗过滤器，密切注意检查乳头是否使用正常。要经常观察鸡群，做好记录，出现问题及时汇报。关好笼门，发现有鸡跑出鸡笼，要及时抓回，放回原笼。要严格按要求进行检查（产蛋高峰前），下班前网上不允许存蛋。要根据天气变化及时开、关门窗，开窗后要把窗扇固定结实，以防被风刮碎，绝对不允许外人随便进入自己的鸡舍。每天要按时将灯泡擦干净。要注意观察和掌握好鸡每天的采食数量，不够吃或吃不完要及时汇报，以便及时调整给料的数量，食槽内绝对不允许出现饲料结块。要及时将笼里鸡数多少进行调整，但要注意只能是邻居之间才能调整。

第二节 蛋鸡放养经验介绍

江苏省大丰市徐国胜饲养了 1 万只蛋鸡，其中产蛋鸡 7500 只、青年母鸡 2500 只。放养场共有 8 亩（1 亩 = 666.67m^2）土地，17 周龄时进入产蛋期，至 80 周龄时淘汰。一人管理，每天工作 5h。所产的鸡蛋，贴上“自由散养”或“自由食品”的标志。在市场上的售价，比普通笼养鸡蛋的价格高 20% ~ 30%。

一 选址

本案例选址位于北纬32°56′～33°36′、东经120°13′～120°56′。该地属于北亚热带气候向南暖温带气候过渡的地带，其主要气候特点为：风盛行，四季分明，雨水丰沛，雨热同季，日照充足，无霜期长。所选地域有各种各样的树木、花卉，为充分利用得天独厚的林业资源优势，进行林下蛋鸡养殖（图8-7）。

图8-7 林下蛋鸡放养

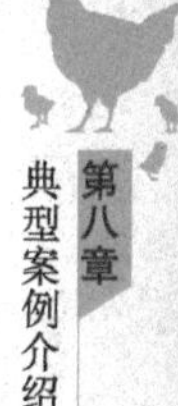

二 鸡场的建设

鸡舍走向为坐北朝南，长度参照养鸡数量来确定，墙体用砖垒砌，墙体内侧100 cm下的部分，因为需要留上下两层的产蛋窝，将其垒成三七墙（厚度为370 mm的墙），上面的部分垒成二四墙（厚度为240 mm的墙）。产蛋窝可以使用条编、木制产蛋窝。鸡舍顶棚为拱形，每1.5 m架一双钢管拱梁，并且拱梁间绑一根竹篾，支撑上辅助物。拱梁上面的上辅助物从上往下依次铺设双覆膜彩条布、玉米秸等达到4 cm，稻草帘2 cm，双覆膜彩条布1层，最外面的一

层使用竹笆来压结实，再使用铁丝在竹笆外面纵横拉紧，对棚进行固定。顶棚可以用砖垒成曲拱形，上面辅助物依次是双覆膜彩条布、固定物。室内地面使用灰土来压实，并且地面上铺设草粉、稻壳等垫料，厚度控制在5～8cm。温度保持在20℃为宜。在进行饲养的整个过程中，因为微生物本身平衡作用，垫料不增厚，不必清粪便。同时，满足照明需要安装灯泡，按10只鸡/m^2建设鸡舍。放养简易棚舍如图8-8所示。

图8-8　放养简易棚舍

除鸡舍本身的建设外，散养场地也经过了一定的处理。散养场与鸡舍直接连通，面积大于鸡舍面积的2倍。四周采取塑料网围栏圈定，网围栏的网眼大小以能阻挡鸡只钻出为度，网高2 m（图8-8和图8-9），以防鸡只飞出，又防野兽入侵；铁丝网还需深入地面以下至少20 cm，以防食肉兽挖洞钻入鸡场。整个散养场实行分区围拦，以利定期轮牧，在散养场地势高燥的地方搭设避雨棚。

图 8-9　蛋鸡放养围网（束必全，2013）

三　饲养管理

1. 统一要求

饲养管理的统一要求是“自由采食，定时补料，保证饮水”。鸡群在散养场采取定期轮牧的方式放养，让其自由活动和采食，散养 1 ~ 2 周后即轮牧休养；补料：2 次/天，早晨开灯补光时补 1 次，晚上鸡回舍后再补 1 次；保证鸡群定时饮水，3 ~ 4 次/天。

> 【重要提示】一定要注意轮牧的必要性，否则不仅会影响放牧效果，还会严重破坏生态，造成不可挽回的损失。图 8-10 与图 8-11 显示了放牧前后的植被情况。

图 8-10　放牧前植被

图 8-11　放牧后植被

2. 育雏期管理

注重加强温度控制，保持室内光照、通风条件，兼顾通风和保暖，保证空气洁净度。保证及时供水，并保证水的质量。保证饲料的质量达到较高标准。控制鸡群养殖密度。同时加强观察，防止其他动物的侵害。

3. 育成期管理

逐步过渡，从舍内转到散养场地进行散养。在气温变化较大时

随时注意观察，防止鸡发生感冒，加强大肠杆菌、球虫病、白痢等病的预防和治疗。育成前期的饲料和育成后期的饲料必须按要求分别配制。加强林间草地轮牧放养，合理轮牧。调教雏鸡能较快适应避雨，进舍过夜，合理分群。做好蛋鸡体重控制工作，在 12 周之后根据体重标准来对鸡的采食量加以控制。

4. 产蛋期管理

根据蛋鸡产蛋规律适当调整鸡的营养水平，保证最佳的产蛋性能。根据“早半饱，晚适量”原则来补料（图 8-12）。特别注意防止鼠、蚊等进入鸡舍，减少应激，并且做好防火工作，防止因为应激而出现压死鸡只与降低鸡体抵抗力的情况。

图 8-12　及时补料

四 疾病预防

1. 预防寄生虫病

采用接种球虫病苗或者喂食抗球虫药的方法。雏鸡在下架前，需要使用球虫苗进行免疫。使用氯苯胍、氨丙啉、球痢灵等药物进行防治，间断交替使用。在蛋鸡开始产蛋前，使用驱虫净等进行驱虫工作。

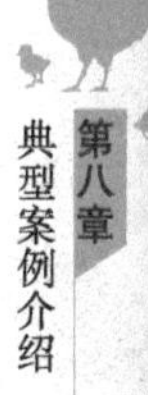

2. 预防曲霉素中毒

蛋鸡啄食了发霉的垫料后容易出现曲霉素中毒的情况，这要求垫料不能太薄，并经常更换，以防止潮湿霉变的情况出现。针对饲料的保存更不能马虎，尤其南方湿热气候，如果对饲料水分控制不够，则会提前出现饲料发霉的现象，如果蛋鸡误食，即使能够控制死亡率，也会造成大面积减产甚至绝产而无法恢复。

3. 预防农药中毒

对于放养蛋鸡要尤其注意植被的农药污染情况，禁止在蛋鸡饲养的林木上喷洒有害农药，防止鸡农药中毒。有些地区在特殊时候会有政府用直升机对林木统一喷洒农药，此时要及时调整放牧策略，搞清农药休药期，在安全的时候才能重新放牧。

附录　常见计量单位名称与符号对照表

量的名称	单位名称	单位符号
长度	千米	km
	米	m
	厘米	cm
	毫米	mm
面积	平方千米（平方公里）	km^2
	平方米	m^2
体积	立方米	m^3
	升	L
	毫升	ml
质量	吨	t
	千克（公斤）	kg
	克	g
	毫克	mg
物质的量	摩尔	mol
时间	小时	h
	分	min
	秒	s
温度	摄氏度	℃
平面角	度	(°)
能量，热量	兆焦	MJ
	千焦	kJ
	焦[耳]	J
功率	瓦[特]	W
	千瓦[特]	kW
电压	伏[特]	V
压力，压强	帕[斯卡]	Pa
电流	安[培]	A

参考文献

[1] 赵一夫，马骥，曹光乔，等. 中国蛋鸡产业发展分析及政策建议 [J]. 中国家禽，2012，34（12）：6-10.

[2] 黄仁录，郑长山. 蛋鸡标准化规模养殖图册 [M]. 北京：中国农业出版社，2011.

[3] 杨宁，杨军香，黄仁录. 蛋鸡标准化养殖技术图册 [M]. 北京：中国农业科学技术出版社，2011.

[4] 黄保华. 蛋鸡健康养殖新技术 [M]. 济南：山东科学技术出版社，2009.

[5] 王生雨. 蛋鸡养殖专家答疑 [M]. 济南：山东科学技术出版社，2013.

[6] 魏刚才，刘俊伟. 山林果园散养土鸡新技术 [M]. 北京：化学工业出版社，2011.

[7] 魏祥法，王月明. 柴鸡安全生产技术指南 [M]. 北京：中国农业出版社，2012.

[8] 张秀美. 禽病诊治实用技术 [M]. 济南：山东科学技术出版社，2002.

[9] 崔治中. 中国鸡群病毒性肿瘤病及防控研究 [M]. 北京：中国农业出版社，2012.

[10] 秦富，马骥，赵一夫，等. 中国蛋鸡产业经济2010 [M]. 北京：中国农业出版社，2011.

[11] 束必全. 蛋鸡林下饲养模式范例 [J]. 现代家禽，2013，4：30-31.

[12] 许殿明. 我国蛋鸡多种标准化饲养模式探析 [J]. 中国家禽，2014，36（10）：51-53.

[13] 赵晓钰，刘龙，许殿明，等. 三种饲养模式下“农大3号”蛋鸡产蛋高峰期生产性能比较 [J]. 中国家禽，2012，34（13）：23-26.

[14] 王秀明，夏永波. 蛋鸡林下养殖示范小区建设 [J]. 中国畜牧兽医文摘，2013，29（5）：81.

[15] 魏刚才，李培庆. 探索新型蛋鸡饲养模式 [N]. 中国畜牧兽医报，2005. 12. 18（013版）.

[16] 袁正东. 变革饲养模式　引领蛋鸡产业升级 [J]. 中国家禽，2006，28（21）：1-6.